图文中华美学

大观茶论

Da Guan Cha Lun

【宋】赵佶 ◎ 著

施袁喜 ◎ 译注

人民东方出版传媒
People's Oriental Publishing & Media

东方出版社
The Oriental Press

图书在版编目（CIP）数据

大观茶论 /（宋）赵佶 著；施袁喜 译注 . 一北京：东方出版社，2023.12
ISBN 978-7-5207-3191-1

Ⅰ.①大… Ⅱ.①赵… ②施… Ⅲ.①茶文化 – 中国 – 宋代 Ⅳ . ① TS971.21

中国国家版本馆 CIP 数据核字 (2023) 第 202787 号

大观茶论

（DAGUAN CHALUN）

作　　者	（宋）赵佶
译　　注	施袁喜
责任编辑	王夕月　柳明慧
出　　版	东方出版社
发　　行	人民东方出版传媒有限公司
地　　址	北京市东城区朝阳门内大街 166 号
邮　　编	100010
印　　刷	天津旭丰源印刷有限公司
版　　次	2023 年 12 月第 1 版
印　　次	2023 年 12 月第 1 次印刷
开　　本	650 毫米 × 920 毫米　1/16
印　　张	18
字　　数	200 千字
书　　号	ISBN 978-7-5207-3191-1
定　　价	88.00 元
发行电话	（010）85924663　85924644　85924641

总序

　　中国文化是一个大故事，是中国历史上的大故事，是人类文化史上的大故事。

　　谁要是从宏观上讲这个大故事，他会讲解中国文化的源远流长，讲解它的古老性和长度；他会讲解中国文化的不断再生性和高度创造性，讲解它的高度和深度；他更会讲解中国文化的多元性和包容性，讲解它的宽度和丰富性。

　　讲解中国文化大故事的方式，多种多样，有中国文化通史，也有分门别类的中国文化史。这一类的书很多，想必大家都看到过。

　　现在呈现给读者的这一大套书，叫作"图文中国文化系列丛书"。这套书的最大特点，是有文有图，图文并茂；既精心用优美的文字讲中国文化，又慧眼用精美图像、图画直观中国文化。两者相得益彰，相映生辉。静心阅览这套书，既是读书，又是欣赏绘画。欣赏来自海内外二百余家图书馆、博物馆和艺术馆的图像和图画。

　　"图文中国文化系列丛书"广泛涵盖了历史上中国文化的各个方面，共有十六个系列：图文古人生活、图文中华美学、图文古人游记、图文中华史学、图文古代名人、图文诸子百家、图文中国哲学、图文传统智慧、图文国学启蒙、图文古代兵书、图文中华医道、图文中华养生、图文古典小说、图文古典诗赋、图文笔记小品、图文评书传奇，全景式地展示中国文化之意境，中国文化之真境，中国文化之善境，中国文化之美境。

　　这是一套中国文化的大书，又是一套人人可以轻松阅读的经典。

　　期待爱好中国文化的读者，能从这套"图文中国文化系列丛书"中获得丰富的知识、深层的智慧和审美的愉悦。

王中江

2023 年 7 月 10 日

前言

自陆羽的《茶经》之后，茶道成为古代文人士大夫所关注和著述的主要部分。宋代赵佶的《大观茶论》、明代许次纾的《茶疏》以及明代黄龙德的《茶说》都在致力论述一个时代的茶事精髓。

《大观茶论》原名《茶论》，为宋徽宗赵佶所著的关于茶的专论，因成书于大观元年（1107年），故后人称之为《大观茶论》。全书共二十篇，对北宋时期蒸青团茶的产地、采制、烹试、品质、斗茶风尚等均有详细记述。其中"点茶"一篇，见解精辟，论述深刻。从一个侧面反映了北宋以来我国茶业的发达程度和制茶技术的发展状况，同时也为我们认识宋代茶道留下了珍贵的文献资料。

《大观茶论》认为，茶叶汇聚着名山大川的灵秀之气，有着神奇的天赋。而茶事之精深微妙是需要人们细细品味的。首先，作者提出了"阴阳相济，则茶之滋长得其宜"的观点，并指出茶的产地是"崖必阳，圃必阴"。其次，作者提出成品茶叶的质量与天时有着密切的关系。比如，在制茶的蒸茶、压黄等阶段，茶叶的蒸制程度可以直接影响到茶叶体表的质地、颜色和气味等。再次，《大观茶论》极其重视茶叶的品种、工艺、产地与贮藏，比如书中讲到碾茶的茶碾"以银为上，熟铁次之"，茶盏的底部"必差深而微宽。底深则茶宜立，易以取乳；宽则运筅旋彻，不碍击拂"。茶筅的形状是如何有利于击拂的，"身欲厚重，筅欲疏劲，本欲壮而末必眇，当如剑脊之状"。

《大观茶论》非常推崇一种不可多得的白茶，这极大地丰富了中国茶叶的品名种类。此外，《大观茶论》还非常重视茶中掺杂作伪的情况，提醒人们选茶、饮茶之时要分辨清楚。

《茶疏》是中国茶史上又一部经典之作。《茶疏》全书涉猎范围十分广泛，包括三十八个章节，对茶的生长环境、制茶工序、烹茶用具、烹茶技巧、汲泉择水、饮茶佳客、饮茶场所、用茶礼俗等方面作了详细的描述。许次纾（1549—1604 年），字然明，号南华，浙江钱塘（今杭州）人。清·厉鹗《东城杂记》载："许次纾……方伯茗山公之幼子，跛而能文，好蓄奇石，好品泉，又好客，性不善饮……所著诗文甚富，有《小品室》《荡栉斋》二集，今失传。予曾得其所著《茶疏》一卷，论产茶、采摘、炒焙、烹点诸事，凡三十六条，深得茗柯至理，与陆羽《茶经》相表里。"

不同于宋代的制茶工艺，明代制茶以蒸青或炒青、晒青的杀青方法炒制绿散茶，"微俟香发，是其候矣"即是其绿茶炒制想要达到的效果。其中"芥茶"是作者极为推崇的一种茶叶，而这种茶叶是不用炒的，是直接放在甑（zèng）中蒸熟之后，然后烘烤。相较于宋朝，明人更注重茶的内在品质，注重茶艺的人文精神，在"论客、童子、饮时、宜辍、不宜用、不宜近、良友、出游、权宜、宜节、考本"中，许次纾讲透了茶道中崇尚友谊、心意相交、清亮高洁、娴雅自在、悠然自得、情真质朴的文化理念。

　　《茶说》编撰于明万历四十三年（1615年），凡一卷，见明代《徐氏家藏书目》。前有胡之衍为序，分为"总论""之产""之造""之色""之香""之味""之汤""之具""之侣""之饮""之藏"共11章。作者黄龙德，字骧溟，号大城山樵。生平事迹不详，大致为晚明至清初人。他总结了明代颇具代表性的散茶审评的经验，通过嗅觉、味觉、视觉、触觉等方式，从色、香、味、形诸角度来鉴别茶叶的品质，奠定了现代茶叶感官审评的理论基础。

　　本版《大观茶论》（外二本）配有300多幅图画以及14000多字的图注，以更立体、更视觉化的角度展现中国延绵不绝的特有的茶道艺和茶文化。

目录

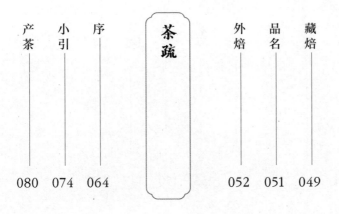

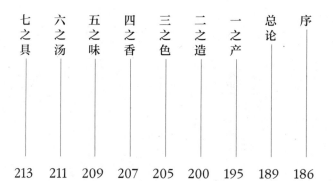

大观茶论

【宋】赵佶 撰

序

尝谓首地而倒生①，所以供人求者，其类下一。谷粟之于饥，丝枲②之于寒，虽庸人孺子皆知。常须而日用，不以时岁之舒迫而可以兴废也。至若茶之为物，擅瓯闽之秀气，钟山川之灵禀，祛襟涤滞，致清导和，则非庸人孺子可得而知矣；中澹闲洁，韵高致静，则非遑遽之时可得而好尚矣。

本朝之兴，岁修建溪之贡③，龙团凤饼④，名冠天下，而壑源之品亦自此而盛。延及于今，百废俱兴，海内晏然，垂拱密勿，幸致无为。缙绅之士，韦布之流，沐浴膏泽，熏陶德化，盛以雅尚相推，从事茗饮，故近岁以来，采择之精，制作之工，品第之胜，烹点之妙，莫不盛造其极。且物之兴废，固自有时，然亦系乎时之汙隆⑤。时或遑遽，人怀劳悴，则向所谓常须而日用，犹且汲汲营求，惟恐不获，饮茶何暇议哉！世既累洽，人恬物熙。则常须而日用者，固久厌饫狼籍，而天下之士，励志清白，竞为闲暇修索之玩，莫不碎玉锵金，啜英咀华。较筐箧之精，争鉴裁之别，虽下士于此时，不以蓄茶为羞，可谓盛世之情尚也。

呜呼！至治之世，岂惟人得以尽其材，而草木之灵者，亦得以尽其用矣。偶因暇日，研究精微，所得之妙，后人有不自知为利害者，叙本末，列于二十篇，号曰《茶论》。

【注释】

① 倒生：指草木，因草木由下向上长枝叶，故称。

② 枲（xǐ）：麻。《玉篇》："麻，有籽曰苴，无籽曰枲。"

③ 岁修建溪之贡：建溪，原为河名，为闽江上游三大支流之一。因此地所产的茶气味香美，唐代即为贡品。宋初，朝廷派专使在此焙制茶叶进贡。

④ 龙团凤饼：茶名。宋时福建北苑精制的"贡茶"。

⑤ 汙隆：汙，同"污"。升与降，常指世道的盛衰或政治的兴替。

【译文】

我曾经说过，供人们生活所需的草木植物非常多，但用途各不相同。五谷杂粮是用来充饥的，丝麻之类是用来御寒的，这是连老人和小孩都知道的事。日常生活的必需品，不会因年景好坏而多用或不用。至于茶，它独得了闽瓯之地的灵秀之气，吸收了日月山川的灵性，所以饮茶可以使人的胸怀得到舒展、洗刷烦恼、引导人达到清正平和的心境，这种妙处不是常人和小孩所能领会的。饮茶时的冲淡简洁、心静气顺，更不是在遑急窘迫的时世可以享受和形成风尚的。

在我大宋王朝刚刚建立时，便专门派使者在建溪一带焙制茶叶，进贡"龙团""凤饼"等，从此龙团凤饼，名冠天下，连山壑溪涧出产的各种茶，也因此兴盛起来。发展至今，国家百废俱兴，海内平静安逸，君臣勤勉治国，有幸造就了无为而治的升平盛世。从官绅士子到普通百姓，都沐浴着皇朝的恩泽，身受圣德的教化，于是这种高雅的风尚便推衍普及，大家都热衷于饮茶品茗。近几年来，茶叶择采之精，制作之工，茶品之盛，烹茶点茶之妙，全都兴盛到了顶点。万物的兴盛衰废，固然有它的内在发展规律，但也和世道的盛衰相关联。如果时局动荡，人心慌乱，百姓生活穷苦，谁还会有闲心考虑饮茶这等雅事呢？现如今，世代相承太平无事，人人生活安逸舒适，那些日常所需的食物和生活用品已经很充足，以致被大量堆积。于是天下之士，一心向往清静、高雅的志趣，竞相追求娴静雅致的玩赏爱好，无不醉心于碾茶点茶，饮茶品茗。大家互相比较盛茶器具的精美，争论、鉴别茶叶品质的好坏，就连文化素质修养不高的人，也不再认为饮茶是件丢人的事了，真可谓太平盛世的清雅风尚。

啊！在安定昌盛、教化大行的时代，岂止是人能够使出全部的才干，就连那些灵秀的草木也能尽其用啊。我偶然借得一些空闲时间，探究茶的精深微妙，由此得到了许多关于饮茶的微妙体会，担心后人不明白饮茶之道本身的利害关系，特地将茶的本末撰写成二十篇文章，命名为《茶论》。

《茶经》▶
（唐）陆羽

《茶经》是世界上第一部关于茶的著作。书中的各种茶器茶具的插图是后人补绘的。从唐代开始，茶在中国逐渐推广开来，并形成自己的理论系统，是宋代茶业兴盛的源头。其茶器茶具对宋代器皿的发展也有着重大意义。

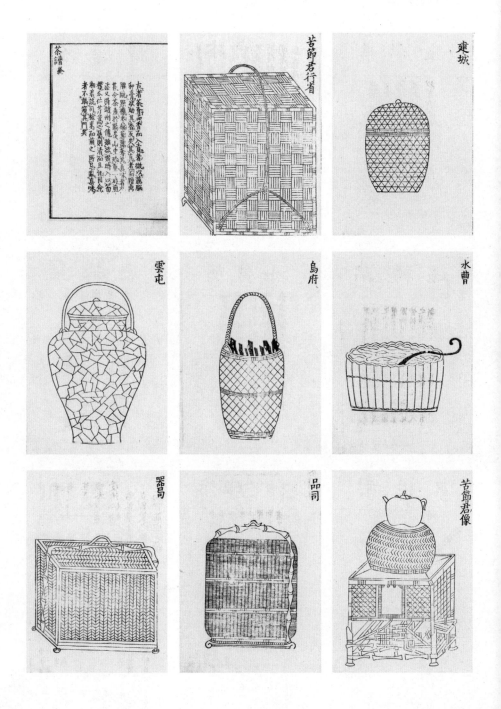

車鴻臚　　木待制　　金鑾籞

后轉連　　胡貟外　　羅樞密

宗從事　　漆雕秘閣　　陶寶文

湯提點　　竺副師　　司職方

互鄉童子聖人猶與其
進況端方貴素經緯有
理絢身涅而不緇者此
孔子所以與潔也

茶必俱其具錫其姓而繫名寵以爵
後俊至龍鳳之餚責當備于君謨制
著茶譜孟諫議寄盧仝三百月團
非古聖意也陸鴻漸著茶經蔡君謨
全民用而不為利後世榷茶立為制
飲之用必先茶而茶不見於禹貢蓋

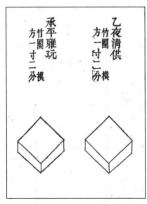

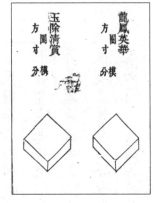

《宣和北苑贡茶录》 （宋）熊蕃

"茶之精绝者，乃在北苑"，《宣和北苑贡茶录》中刻画了38种茶的制模样式，自开宝九年起，北苑茶成为进贡之佳品。与此同时，宋朝廷也开设了官方的茶叶专营制度和相关机构。《东京梦华录》中记载有榷货务都茶场。榷货务与都茶场为便于统一管理统设为两司，称"在京榷货务都茶场"，负责官府对茶叶一类物品的采买以及印售茶引（运销执照）等以招来商贩贩卖，保证了朝廷收入的重要来源。榷货务是太府寺的下属机构，负责向商户发放运销许可以及专卖茶叶、盐、香料、象牙等商品。根据《宋会要辑稿·食货五五》中的记载："榷货务，旧在延康坊，后徙太平坊。掌受商人便钱、给券，及入中茶、盐，出卖香药、象货之类。以朝官、诸司使、副、内侍三人监。"都茶场，又称"都茶务""都茶场务"。根据《宋会要辑稿·食货三〇》的记载，这个机构可谓是历史悠久，成都府早在禁榷川茶的熙宁年间就设置有都茶场。蔡京推行政和茶法后，"在京置都茶务，专管供进末茶及应干茶事。"

寸金
銀模 竹圈
方一寸二分

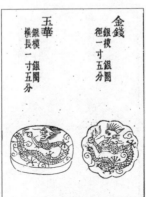

金錢
銀模
徑一寸五分

玉華
銀模
橫長一寸五分

雲葉
銀模 銀圈
橫長一寸五分

蜀葵
銀模 銀圈
徑一寸五分

宜年寶玉
銀模
銀圈直
長三寸

萬春銀葉
銀模 銀圈
兩尖徑二寸
二分

無比壽芽
銀模 竹圈
方一寸二分

瑞雲翔龍
銀模 銅圈
徑二寸
五分

無

無疆壽龍
竹圈 銀模
直長三寸 銀圈
六分

玉葉長春
銀模 竹圈
直長一寸 圈

玉清慶雲
銀模 銀圈
方一寸八分

長壽玉圭
銀模
銅圈
直長三
寸

輿國嚴銙
竹圈模
方一寸二分

吞口焙銙
竹圈模
方一寸二分

上品揀茗
銀模
銅圈
此條壞按
脫說分
寸郛圈

新收揀茗
銀模
銅圈
此條壞按
脫說分
寸郛圈

太平嘉瑞
銀模
銅圈
徑一寸
五分

輿國嚴揀茗
銀圈銀模
徑三寸

雪英
銀圈
銀模
橫長一寸五分

啟沃承恩
竹圈模
方一寸二分

小龍

銀圈按銀模
繼壌即脫郛
此下云分寸
以注興接小
鳳芽分國同
當本分巖同小寸郛
揀與說下接分說銀
第龍此揀當鳳以此繼銀
毘與本芽同注下壌圈
說下分興云即脫按
郛接寸國上接分說銀
次大也巖同小寸郛模

地产

植产之地，崖必阳，圃必阴。盖石之性寒，其叶抑以瘠①，其味疏以薄，必资阳和以发之；土之性敷②，其叶疏以暴③，其味强以肆④，必资阴荫以节之。阴阳相济，则茶之滋长得其宜。

【注释】

① 瘠：瘦小。

② 敷：肥沃，敷腴。

③ 疏：疏展、充分展开。暴：脱落。

④ 肆（sì）：放纵、无节制。

【译文】

种植茶树的地方，如果在山崖边，就一定要选择种植在山崖的向阳面；如果在人工园圃，周围要有树木遮荫。这是因为由山石风化而形成的土壤性寒，茶树生长会受到抑制，使叶芽瘦小，煮出的茶水香味不浓，入口淡薄，而种植在向阳面的茶树可多吸收阳光，长得更好；而园圃的土壤肥沃，茶树能充分生长，但这样长出的叶片大而薄，茶味浓而涩，所以必须借助树荫控制它的生长。只有阴阳互济，才最适合茶树生长。

天时

茶工作于惊蛰①，尤以得天时为急。轻寒，英华渐长，条达而不迫，茶工从容致力，故其色味两全。若或时旸②郁燠③，芽甲奋暴，促工暴力，随槁（gǎo），晷（guǐ）刻所迫，有蒸而未及压，压而未及研，研而未及制，茶黄留积，其色味所失已半。故焙人得茶天为庆。

【注释】

① 惊蛰：二十四节气之一，在每年农历二月上旬。

② 旸（yáng）：日出。

③ 燠（yù）：闷热。

【译文】

茶工从惊蛰之时开始采摘茶叶，时节的选择最为重要。春天天气还稍微有点儿冷，茶芽就开始萌发生长，芽叶生长舒展而不急迫，茶工就能够从容不迫地摘茶、制茶，所以制作出来的茶叶色味俱佳。如果到了天气闷热的时节，茶芽奋力暴长，迫使茶工匆忙收拣，时间紧迫，有的茶芽蒸青而来不及压榨，有的茶芽压榨而来不及碾末，有的茶芽碾末而来不及制饼，茶叶堆积变为黄色，这时茶叶的颜色味道已经损失过半，所以茶工以能得到焙制茶叶的天时为幸事。

采择

撷茶以黎明，见日则止。用爪断芽，不以指揉，虑气汗熏渍，茶不鲜洁。故茶工多以新汲水自随，得芽则投诸水。凡芽如雀舌、谷粒[①]者为斗品，一枪一旗为拣芽[②]，一枪二旗为次之，余斯为下。茶之始芽萌，则有白合；既撷，则有乌带[③]。白合不去，害茶味；乌带不去，害茶色。

【注释】

① 雀舌、谷粒：茶芽刚刚萌生随即采摘，精制成茶后形似雀舌、谷粒，细小嫩香。后世将"雀舌"冠名为一种优质茶。

② 一枪一旗为拣芽：一枪一旗，即一芽一叶，芽末展尖细如枪，叶已展有如旗帜。又称"中芽"。下文一枪二旗亦为一芽二叶之意。

③ 白合：指两叶抱生的茶芽。乌带：当为"乌蒂"，茶芽的蒂头。

【译文】

采摘茶叶要在黎明时分进行，太阳一出来就要停止采摘。采摘时要用指甲将茶芽掐断，不要用手指揉搓，因为人的汗气一旦熏染了茶芽，茶就不新鲜、不干净了。因此茶工们大多带着从井里汲取来的水，采摘芽叶后即投进水中。凡是芽叶像雀舌、谷粒一样大小的为品质上等的茶，一芽一叶的叫拣茶，一芽二叶的又次一等，剩下的全是下等茶叶。茶树刚开始萌芽时，会长出两叶抱生的茶芽，称为白合；折掉的长梗断处呈黑色，称为"乌蒂"。拣选茶叶时，如果不去掉两叶抱生的茶芽会损害茶的味道，如果不去除"乌蒂"会影响茶叶的色泽。

种茶图
选自《采茶种茶制茶贸易图》
十八世纪外销画　佚名

赵汝砺在《北苑别录》中进一步说明了对茶叶采摘的要求："采茶制法须是侵晨，不可见日晨则夜露未晞，茶芽肥润；见日则为阳气其所薄，使芽之膏腴内耗，至受水而不鲜明。"茶叶上的露水可以使采摘的茶叶保持湿润和新鲜。采摘茶叶时要用指甲而不用指肚，这样叶柄可以很快掐掉，不会因为手上的汗水揉搓而不新鲜干净。为保证采摘茶叶的新鲜和洁净，采茶工人要随身携带清水罐，将采摘下的茶叶投入罐中。

采茶图
选自《采茶种茶制茶贸易图》十八世纪外销画 佚名

宋徽宗对茶原料品级的重视促使形成了茶叶原料的等级决定了成品的等级。另外，世人也开始不懈地追求茶叶的细嫩程度。

炒茶图
选自《采茶种茶制茶贸易图》十八世纪外销画 佚名

根据《宣和北苑贡茶录》的记载："将已拣熟芽再剔去，只取其心一缕，用珍器贮清泉渍之，光明莹洁，若银线然。其制方寸新銙，有小龙蜿蜒其上，号龙园胜雪。"福建路转运使郑可简创制的"银线水芽"成为茶叶在细嫩程度上难以逾越的巅峰。

晾茶图
选自《采茶种茶制茶贸易图》十八世纪外销画　佚名

根据《宣和北苑贡茶录》的记载："至于水芽，则旷古未之闻也。"因其茶色白如雪，因此命名为"龙园胜雪"。

蒸压

茶之美恶，尤系于蒸芽、压黄之得失。蒸太生则芽滑，故色清而味烈；过熟则芽烂，故色赤而不胶^①。压久则气竭味漓，不及则色暗味涩。蒸芽欲及熟而香，压黄欲膏尽亟止。如此，则制造之功，十已得七八矣。

【注释】

① 胶：一种黏性物质，此处指牢固。

【译文】

茶叶品质的好坏，关键在于蒸芽、压黄这两道工序是否得当。如果蒸得太生，茶芽生硬光滑，烹煮的茶水颜色浅清且草腥气浓厚；蒸得太熟，茶芽尽烂，烹煮的茶水颜色发红且味道不长。如果压榨的时间过长，茶的精华流失，茶的香气和味道就淡薄；如果压榨得不到位，茶的颜色就会暗淡而且味道苦涩。蒸芽以刚蒸熟而散发出香气为好，压黄要求只要把汁水榨尽就立刻停止。如果能做到这样，那制茶的功夫，就十得七八了。

制造

　　涤芽惟洁，濯^①器惟净。蒸压惟其宜，研膏惟熟，焙火惟良。饮而有少砂者，涤濯之不精也；文理燥赤者，焙火之过熟也。夫造茶，先度（duó）日晷^②之短长，均工力之众寡，会（kuài）采择之多少，使一日造成，恐茶过宿，则害色味。

【注释】

①　濯（zhuó）：洗涤。

②　日晷：日影，引申为时光。

【译文】

　　洗涤茶芽一定要净，洗涤茶具也一定要净。蒸芽压黄一定要适度，研膏一定要熟透，焙茶一定要掌握好火候。饮茶时茶汤里有细微沙子，这是涤芽、濯器不细致而导致的；茶叶表面的纹理干燥、发红，这是焙茶时火候过猛导致的。因此，制茶首先要考虑时间的长短、制作人员的多少，再计算采摘茶芽的数量，这都要求在一天之内完成，因为生茶的存放一旦过夜就会损害到茶的颜色和味道。

鉴辨

茶之范度不同，如人之有首面也。膏稀者，其肤蹙^①以文；膏稠者，其理歙^②以实。即日成者，其色则青紫；越宿制造者，其色则惨黑。有肥凝如赤蜡者，末虽白，受汤则黄；有缜密如苍玉者，末虽灰，受汤愈白。有光华外暴而中暗者，有明白内备而表质者，其首面之异同，难以概论。要之，色莹彻而不驳，质缜绎而不浮，举之则凝结，碾之则铿然，可验其为精品也。有得于言意之表者，可以心解。又有贪利之民，购求外焙已采之芽，假以制造，研碎已成之饼，易以范模。虽名氏、采制似之，其肤理、色泽，何所逃于鉴赏哉。

【注释】

① 蹙（cù）：收缩。

② 歙（xī）：收敛，吸进。

【译文】

　　茶的外表形象各不相同，就像人的面目各不一样。茶汁稀的，茶饼外面多起皱纹；茶汁浓厚的，茶饼纹理少而质地坚硬。当天制作成的茶饼颜色青紫，过夜制成的茶饼颜色暗黑。

有的茶饼肥润厚重，犹如红蜡，碾成茶末虽白，但一经注水点茶就发黄。有的茶饼紧密似黑玉，碾成茶末颜色发灰，但一经注水点茶就更加洁白。有的茶饼表面光华可内里暗淡，有的茶饼内里白洁而外表质朴。总之，茶的表相之异同，难以一概而论。简要说，就是凡是茶饼干净不杂驳，茶质紧密不浮散，拿在手里紧实厚重，碾碎时声音铿然，便可检验为精品。茶叶鉴别的微妙之处很难用语言描述，只能靠内心领悟。有些贪求暴利的人，购买外焙已采摘过的茶芽，假冒制作，把已制成的茶饼弄碎，再换个正焙茶模重新压制。制成的茶饼虽然品名和样式与正焙茶饼非常相似，但其纹路肌理、色泽，怎能逃过行家的鉴定和识别呢！

白茶

白茶①自为一种，与常茶不同。其条敷阐②，其叶莹薄。崖林之间，偶然生出，非人力所可致。正焙之有者不过四五家，生者不过一二株，所造止于二三銙而已。芽英不多，尤难蒸焙，汤火一失，则已变而为常品。须制造精微，运度得宜，则表里昭彻，如玉之在璞，它无与伦也。浅焙亦有之，但品格不及。

【注释】

① 白茶：宋代福建北苑贡茶品种之一，因品优、产量少而珍贵。宋朝时，在北苑贡茶中名列第一。

② 敷阐：阐，舒缓。舒展、开张。

【译文】

　　白茶很特殊，自成一种，与一般茶不同。它的枝条舒展远扬，叶芽晶莹细薄。在山崖丛林里偶然自发长出，不是人工种植可以得到的。专门生产贡茶的北苑龙焙官茶园里有白茶树的只有四五家，而每家的白茶树也只有一二株，每年制成饼茶也不过二三饼而已。它的芽精华不多，不易蒸青、焙炙，取水用火稍不得当，制出的茶就和普通茶一样了。制作白茶时，必须小心精细，操作得当，这样制出的茶饼才里外都澄净光亮，好像美玉包藏在璞石之中，别的茶无法与它媲美。最接近正焙的浅焙茶园也做白茶，但品质就差了一些。

罗碾

碾以银为上，熟铁次之。生铁者，非掏拣^①捶磨所成，间有黑屑藏于隙穴，害茶之色尤甚。凡碾为制，槽欲深而峻，轮欲锐而薄。槽深而峻，则底有准而茶常聚^②；轮锐而薄，则运边中而槽不戛^③。罗欲细而面紧，则绢不泥而常透。碾必力而速，不欲久，恐铁之害色。罗必轻而平，不厌数，庶几^④细者不耗。惟再罗则入汤轻泛，粥面光凝^⑤，尽茶之色。

【注释】

① 掏拣：应作"淘炼"。

② 底有准而茶常聚：准，平直。此处指碾槽底平直最好，槽身峻深，槽底平直，茶叶容易聚集在槽底，碾出的茶末大小均匀。

③ 戛：敲击。

④ 庶几（shù jī）：表示希望的语气词，或许可以。

⑤ 粥面光凝：古人煎茶时称汤光茶多，茶叶浮于表面，就像熬出的粥面一样泛出光泽，叫"粥面末"。

【译文】

用银制造的茶碾品质最好，熟铁制造的次之。生铁制造的茶碾，因为没有经过淘洗、精炼、捶打、打磨等工序，偶尔会有黑色铁屑夹藏在碾槽的缝隙里，严重损害了茶的色泽。一般茶碾的样式，要求碾槽深而槽壁高，碾轮坚锐锋利而薄。碾槽深而高、槽底平直，茶叶就容易聚集在槽底；碾轮壁薄而锋利，就不会在运作中碰着槽壁而发出大的声响。茶罗的筛面要细而绷紧，这样才不会被茶末中的土屑堵塞从而保持透畅。碾茶必须快速有力，时间不要太长，否则铁屑会损害茶的颜色。筛茶一定要手轻罗平，不要怕筛的次数多，只求很细的茶末不会损失浪费掉。只有经过反复细筛的茶末，点汤之后才会轻盈漂浮，像熬出的粥面一样泛着光泽，尽显茶之色泽。

《撵茶图》 （宋）刘松年 原作 此为明人摹本 收藏于中国台北故宫博物院

茶盏

　　盏色贵青黑，玉毫条达者为上^①，取其燠发茶采色也。底必差深而微宽，底深则茶宜立而易于取乳，宽则运筅旋彻，不碍击拂。然须度茶之多少，用盏之大小。盏高茶少，则掩蔽茶色；茶多盏小，则受汤不尽。盏惟热，则茶发立耐久。

【注释】

① 盏色贵青黑，玉毫条达者为上：宋人斗茶，茶汤白色为胜，所以喜欢用青黑色茶杯，以相互衬托。其中尤其看重黑釉（yòu）上的细密的白色斑纹，称之为"兔毫斑"。

【译文】

　　茶盏的颜色以青黑色为最好，尤其以釉面上有细密的白色纹理的为上品，因为这种茶盏最能衬托出茶水的颜色。茶盏的底部一定要深且微宽。盏底深，便于茶即时生发，容易形成白色的汤花，盏底宽，用茶筅回旋搅动时不阻碍拍击拂扬。当然也要根据茶的多少来决定使用茶杯的大小。若茶盏高茶量少就会遮掩住茶色；若茶量多茶盏小，注水就不能很充分。只有在使用前，用火把茶盏烘热，茶才能即时生发成汤花，并且停留较长时间。

茶筅

　　茶筅①以筋竹②老者为之。身欲厚重，筅欲疏劲③，本欲壮而末必
眇④，当如剑脊之状。盖身厚重，则操之有力而易于运用；筅劲如剑脊，
则击拂虽过而浮沫不生。

【注释】

① 茶筅（xiǎn）：宋代点茶、分茶、斗茶时使用的竹制茶具，
　　形似帚，用以搅拂茶汤。

② 筋竹：竹名，一种中实而强劲的竹，竹梢尖锐，可作矛用。

③ 疏劲：开张，有力。

④ 眇，细小。

【译文】

　　茶筅要用生长多年的老的筋竹制成。筅身要厚重，筅尾
要疏朗劲直。筅身上粗下细，类似剑脊的形状。筅身厚重，
便于有力操控；筅尾疏朗劲直像剑脊，即使拍击拂扬过度，
茶汤也不会产生浮沫。

茶瓶

瓶宜金银，小大之制，惟所裁给。注汤利害[①]，独瓶之口嘴[②]而已。嘴之口欲差大而宛直，则注汤力紧而不散；嘴之末，欲园小而峻削，则用汤有节而不滴沥。盖汤力紧，则发速有节；而不滴沥，则茶面不破。

【注释】

① 注汤利害：注汤的关键之处。

② 口嘴："口"和"嘴"所指不同，"口"指的是嘴与壶身相接的地方，"嘴"指的是出水的地方。

【译文】

茶瓶以金银制作最好，大小规格应依使用需求而定。往茶杯注茶的水平高低，完全取决于茶瓶的口、嘴部分。瓶嘴和瓶身的接口处要大，瓶嘴要有弯度，呈抛物线形，这样注茶的时候即使水力大，水柱也会紧而不散；嘴口处要圆而小，峻如刀削，这样注水时易于控制水流，且不会出现流滴。注水时水流控制得好，没有出现断续水滴，这样就不会破坏茶面的汤花。

《饮茶图》 （宋）佚名 收藏于美国弗利尔美术馆

宋朝还有人以提着茶瓶送茶上门为职业。元人马端临在《文献通考·市籴考一》中说："京师如街市提瓶者，必投充茶行，负水担粥以至麻鞋头鬓之属，无敢不投行者。"这些人起初主要为文人服务，后来民间媒婆、说客、帮闲之人也成了"提茶瓶人"。南宋吴自牧《梦粱录·茶肆》记载杭州城内"巷陌街坊，自有提茶瓶沿门点茶，或朔望日，如遇凶吉二事，点送邻里茶水，倩其往来传语。又有一等街司衙兵百司人，以茶水点送门面铺席，乞觅钱物，谓之'龊茶'。僧道头陀欲行题注，先以茶水沿门点送，以为进身之阶"。

茶杓

杓①之大小，当以可受一盏茶为量。过一盏，则必归其有余；不及，则必取其不足。倾杓烦数，茶必冰矣。

【注释】

① 杓（sháo）：同"勺"。欧阳修《卖油翁》："徐以杓酌油沥之，自钱孔入，而钱不湿。"

【译文】

茶杓的大小，应当以能恰好盛一盏茶汤的量为宜。如果超过了一盏的容量，就得将多余的茶水倒回去；如果不足一盏的容量，就还得再舀补填满。用杓舀茶的次数多了，茶必然就凉了。

茶水

水以清轻甘洁为美[①]。轻甘乃水之自然，独为难得。古人品水，虽曰中泠、惠山为上[②]，然人相去之远近，似不常得。但当取山泉之清洁者。其次，则井水之常汲者为可用。若江河之水，则鱼鳖之腥，泥泞之污，虽轻甘无取。凡用汤以鱼目、蟹眼连绎并跃为度，过老则以少新水投之，就火顷刻而后用。

【注释】

① 清轻甘洁：清，水澄清不浑浊；轻，水质地轻，即现在说的"软水"；洁，干净卫生，无污染。这三者都是讲水质。甘则指水味，要求入口有甜味，不咸不苦。

② 中泠（líng）、惠山：中泠在今江苏省镇江市金山寺外。原在长江中，因江水西来受二礁石阻挡形成三泠（北泠、中泠、南泠）。惠山指惠山泉，在今江苏省无锡市惠山第一峰白石坞下。

【译文】

煎茶的水以清澈、质地轻、甘甜、洁净为最好。质轻、甘甜是水的自然本性，很难得。古人品评天下水，虽说以中泠水和惠山泉为第一等水，但因路途遥远，并不是经常可得到的。其实，只要用清澈干净的山泉水就可以了。其次，干净的井水也可以用。至于江河水，因沾有鱼鳖的腥气，又有泥的污染，即使水质轻、味甘也不可取用。用于点茶的水，以煮开时水里有鱼目和蟹眼大小的气泡连续上涌的程度为宜。倘若水沸腾的时间过长，就要往里加些新汲之水，放在火上再烧煮片刻后使用。

茶点

点茶①不一，而调膏②继刻。以汤注之，手重笊轻，无粟文蟹眼者，谓之静面点。盖击拂无力，茶不发立，水乳未浃，又复增汤，色泽不尽，英华沦散，茶无立作矣。有随汤击拂，手笊俱重，立文泛泛，谓之一发点。盖用汤已故，指腕不圆，粥面未凝，茶力已尽，云雾虽泛，水脚易生。妙于此者，量茶受汤，调如融胶。环注盏畔，勿使侵茶。势不欲猛，先须搅动茶膏，渐加周拂，手轻笊重，指绕腕旋，上下透彻，如酵糵之起面。疏星皎月，灿然而生，则茶之根本立矣。第二汤自茶面注之，周回一线，急注急止。茶面不动，击拂既力，色泽渐开，珠玑磊落。三汤多寡如前，

击拂渐贵轻匀，周环旋复，表里洞彻，粟文蟹眼，泛结杂起，茶之色，
十已得其六七。四汤尚啬，筅欲转梢，宽而勿速，其清真华彩，既已焕发，
云雾渐生。五汤乃可少纵，筅欲轻匀而透达。如发立未尽，则击以作之；
发立已过，则拂以敛之，然后结浚霭凝雪，茶色尽矣。六汤以观立作，
乳点勃结，则以筅著居，缓绕拂动而已。七汤以分轻清重浊，相稀稠得中，
可欲则止。乳雾汹涌，溢盏而起，周回凝而不动，谓之咬盏。宜匀其轻
清浮合者饮之。《桐君录》曰："茗有饽，饮之宜人，虽多不为过也。"

【注释】

① 点茶：指茶末加入茶盏后调膏，多次注水击拂呈现沫饽
的过程。

② 调膏：宋人饮茶，先在茶盏里放入茶末二钱，然后注入
少许水，加以搅动，调成均匀的膏状使之浓稠，这就叫"调
膏"，此后才注入煎好的沸水。

【译文】

点茶的手法和效果很不一样，紧随着调膏进行。注入沸
水，如果手腕力重而茶筅力轻，茶汤表面没有形成粟纹、蟹
眼状的汤花，这就叫作"静面点"。茶筅击拂无力，茶叶还
没有发透，水和茶末还未融合，又增添沸水，就会使茶膏焕
发不出颜色，茶的精华散失，也就不能冲好茶。有的人边注
水边击拂，手腕和茶筅都很重，茶面的汤花乳沫易散，这叫
作"一发点"。因为水调得太久，汤水已老，指腕搅动得不

够圆活连贯，以致粥面还没形成而茶力已尽，虽然茶面也会出现云雾般的汤花，但很快就会消失而只留下水的迹痕。真正懂得点茶的人，会依据茶末的多少来决定添加多少水，将茶膏搅拌得像融胶那样。顺着盏壁环形将沸水注入，不要直接注水在茶膏上。注水时不要用力过猛，先应搅拌茶膏，逐渐用茶筅拍击拂扬，手要轻而筅要重，手腕转动，手指绕起捻动茶筅，力透上下，类似于酵母发面。慢慢地汤花就会像满天星月，灿然而生，如此，才能催发茶的本力。

第二次注水时可以注在茶面上，沿茶面四周注入，急速注入急速停止，不着力搅动茶面，另一只手持茶筅用力拍击拂扬，这样茶面的汤花就会慢慢泛起错落有致的珠玑似的汤花。

第三次注水量和第二汤一样，拍击拂扬侧重于轻匀，转着圈来回搅动，直到盏里的茶汤表里透彻，粟粒、蟹眼状的汤花泛起凝结，这时已得茶色十之六七了。

第四次注水量要少一些，茶筅转动的幅度要宽而慢，这时茶的华采已焕发出来，薄云似的浮沫像云雾一样从茶面升起。

第五次注水可以稍微任意一些，运筅的手法要轻盈，但力度要透达。假如茶面上的汤花还没有泛起，就要加以拍击拂扬；如果浮沫发起过多过高，就要用茶筅轻轻拂平使茶面收敛凝聚。这时细密的白色沫饽于茶面凝结，如同聚结的云气和凝聚的霜雪，茶色全都显露了出来。

第六次注水要注到汤花最为凝集的地方，茶面上乳点突出凝结高起的，只需用茶筅轻轻拂开就可以了。

第七次注水要分茶的轻清重浊，观察茶汤稀稠适宜，符合喜好即止，可点可不点的就不再拍击拂扬。这时汤花会像白色雾霭一样汹涌而起，高出杯口，周边的汤花会随着水的来回旋转，紧贴着盏壁，叫作"咬盏"。这时就可以品饮表面轻灵清浮的茶汤了。

《桐君录》说："茶水里的沫饽，常饮对人有好处，即使喝多了也不会对人有危害。"

《煎茶图式》 ［日］酒井忠恒　收藏于日本东京国立国会图书馆

日本的煎茶来源于抹茶的烹煮法，也就是陆羽所说的"煎茶法"，后来在宋代演变为"点茶法"。

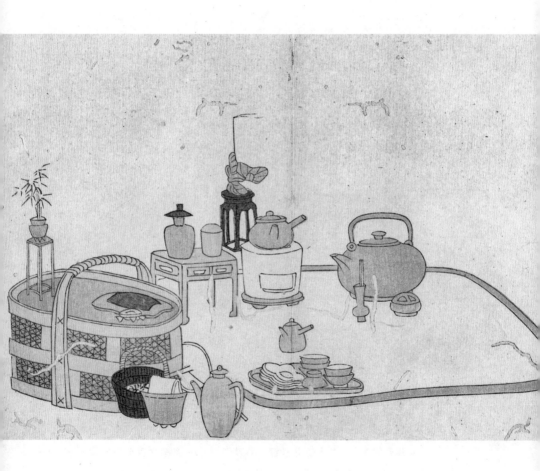

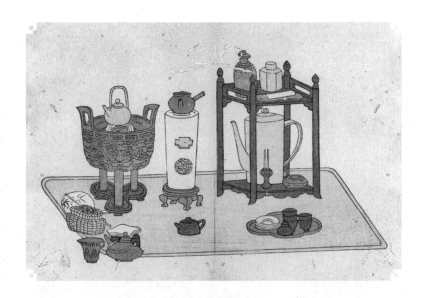

煎茶圖式後序

夫好色者削肉好酒者腐腸二者害性命茶
不然矣不止無害且養生焉風窗松濤可以
神雨簷瓶笙可以破悶午瞳始起烹之洗倦
醉已罷啜之解醒磁碗送春石鼎消夏月方
日莫時不宜乃若其極則襟爽骨輕可跳出
風塵外與廣成羨門共上界仙趣矣　培公
于墨水與門人思樂等排列茶其論定煎法
三十六則玩之遺問合約其要為八作圖
領同好亦出於消閒之餘情古人云茶宜精
儉德之人視之於古之好酒色而栽其性安
相距豈不至鉅乎果知其趣而樂之則可以
生延壽可以忘卋塵入仙域矣吾儕畿酒名
徒一讀乃有所悔悟云

慶應紀元乙丑五月

伊勢崎　今村了菴識

纱帽籠頭却白衣綠天消夏汗無揮劉園年最做李權置冷署石梁舊有年淹茅舍間松

赠盧仝烹韻庶几代夫書閣愈驗字我通子博士詩元和中末官玉川譔名譔議何帳異不可全録松年益園乃作立幀俱模文撰稿縱橫題惟靈不意可也待傳畫右堂為非隱而往者應無

乾隆乙巳仲秋月沔題禍何宿玉涯自意識

《卢仝烹茶图》
（宋）钱选　收藏
于北京故宫博物院

宋人蔡襄在《茶录·点茶》中说："茶少汤多，则云脚散；汤少茶多，则粥面聚。钞茶一钱匕，先注汤调，令极匀，又添注入，环回击拂。汤上盏可四分则止，视其面色鲜白，着盏无水痕为绝佳。建安斗试，以水痕先退者为负，耐久者为胜，故较胜负之说，曰'相去一水两水'。"

《斗茶图》 （宋）刘松年 收藏于中国台北故宫博物院

丁谓著有《煎茶》诗："开缄试雨前，须汲远山泉。自绕风炉立，谁听石碾眠。轻微缘入麝，猛沸恰如蝉。罗细烹还好，铛新味更全。"

茶馆
选自《清明上河图》 （宋）张择端
收藏于北京故宫博物院

《清明上河图》中茶馆的数量多、规模大、分布地域广，是宋代茶馆兴盛的繁华表象，而要说宋代茶馆丰富的内涵，则体现在它多姿多彩的经营文化特色上。宋代茶馆的类型繁多：有主要供市民子弟学习乐器或是聚会的茶馆，如"量卖茶楼"；有主要供知识分子、读书人会聚的茶馆，如"大街车儿茶肆""蒋检阅茶肆"；有主要为平民百姓、诸行百工光顾，具有雇工介绍所性质，谓之"市头"的茶馆；有主要供歌伎卖唱或妓女卖身的"水茶坊""花茶坊"及游乐性的茶馆等等。

宋代泼饰茶碗

宋代风俗，"客至则啜茶，去则啜汤"。宋代的茶馆备有各种茶水，并且根据不同季节供应不同的茶水。如《水浒传》中提及的王婆茶铺，潘金莲四次来到王婆茶铺就提到了四种不同的茶水：梅汤、合汤、姜茶和宽煎叶儿茶。

宋代象牙釉丁瓷

宋代定窑系白釉茶盏

宋代龙泉窑青瓷茶碗

茶味

　　夫茶以味为上，香甘重滑①为味之全。惟北苑、壑（hè）源之品兼之。其味醇而乏风骨者，蒸压太过也。茶枪，乃条之始萌者，木性酸；枪过长，则初甘重而终微涩。茶旗，乃叶之方敷者，叶味苦；旗过老，则初虽留舌而饮彻反甘矣。此则芽銙②有之。若夫卓绝之品，真香灵味，自然不同。

【注释】

①　香甘重滑：宋人斗茶，先目测，后品尝，味以"香甘重滑"为全，香以"入盏则馨香四达"为妙。经过综合评定，才能决出胜者。

②　芽銙（kuǎ）：芽茶制成的茶饼。銙，制茶的模具，这里指茶的一种形制。

【译文】

　　茶以味道最为重要，同时具备香气馥郁、入口甘甜、回味醇厚、轻滑爽口，才是最完美的茶味，而只有北苑、壑源里出产的白茶才兼具这些滋味特点。有的茶味道虽然甘醇但缺少劲道，原因是蒸青、压榨得有些过度了。茶枪是茶树初萌未展的嫩芽，木性酸；茶枪过长，刚开始喝的时候味道虽甘醇而后回味则有些发涩。茶旗则是已经伸展开的叶片，叶子味苦；茶旗过老，刚开始喝的时候舌上虽留有苦味，但喝到最后反而回甘醇厚。这是"芽銙"一类茶都具有的特点。至于超伦绝逸的上好佳茗，香真味灵，自然和普通的茶不一样。

茶香

茶有真香，非龙麝可拟①。要须蒸及熟而压之，及干而研，研细而造，则和美具足。入盏则馨香四达，秋爽洒然。或蒸气如桃仁夹杂，则其气酸烈而恶。

【注释】

① 龙麝（shè）：龙脑、麝香，古代著名香料，这里泛指香料。

【译文】

茶叶有天然的香气，这不是龙脑、麝香这类香料可以媲美的。（想要得此真香），必须把茶芽蒸到正好熟的时候进行压紧，汁水压榨烘干后再研细制成茶饼，这样制出的茶才具备了又香又美的气韵。入盏点茶时馨香满屋，犹如秋日的凉爽之气一般清爽怡人，身心都随之舒展。如果蒸茶时散发的气味中夹杂有桃仁之类的异味，那茶味就会变得酸气难闻了。

茶色

　　点茶之色，以纯白为上真，青白为次，灰白次之，黄白又次之。天时得于上，人力尽于下，茶必纯白。天时暴暄[1]，芽萌狂长，采造留积，虽白而黄矣。青白者，蒸压微生：灰白者，蒸压过熟。压膏不尽则色青暗，焙火太烈则色昏赤。

【注释】

①　暴暄：暄，太阳的温暖。此处指快速转暖。

【译文】

　　点茶时，茶汤的颜色以纯白色为上等真品，青白色第二，灰白色第三，黄白色为第四。在采制茶时，如果能上得天时，下尽人力，茶色必然是纯白色的。如果天气暴热，茶芽猛长，采叶后又不能马上制作，导致堆积过多，原本纯白的茶色也会变黄。茶色显青白色是因为蒸压、压黄不够；茶色显灰白色则是蒸压、压黄过度。如果茶汁压榨得不够干净，那茶色就偏青暗；焙茶时火力过猛，那茶色就会黑红。

藏焙

数焙[①]则首面干而香减，失焙则杂色剥而味散。要当新芽初生即焙，以去水陆风湿之气[②]。焙用熟火[③]置炉中，以静灰[④]拥合七分，露火三分，亦以轻灰糁（shēn）覆。良久，即置焙篓上，以逼散焙中润气。然后列茶于其中，尽展角焙之，未可蒙蔽，候火通彻覆之。火之多少，以焙之大小增减。探手炉中，火气虽热，而不至逼人手者为良。时以手挼（ruó）茶体，虽甚热而无害，欲其火力通彻茶体尔。或曰：焙火如人体温，但能燥茶皮肤而已，内之湿润未尽，则复蒸喝[⑤]矣。焙毕，即以用久竹漆器中缄（jiān）藏之，阴润勿开。如此终年，再焙，色常如新。

【注释】

① 数焙：焙火过于频繁。数，多次。

② 水陆风湿之气：藏茶过程中的冷湿之气。

③ 熟火：木炭烧透后的文火。

④ 静灰：此处有误。据其他茶书记载，应为"静炭"，即没点燃的炭。

⑤ 喝（yē）：热气。

【译文】

　　焙茶的次数多就会使茶叶表面干缩、香味减少，但焙炙的次数少，茶叶又杂色斑驳香味不浓厚。所以要在新芽刚刚初生时就立刻采摘焙炙，以除去茶芽中的湿气。焙茶的时候，要先在炉子里点燃炭火，再把没点燃的炭覆盖其上，盖住十分之七，露出十分之三的火即可，并在火上撒盖细微的炭灰。一段时间后，就将焙篓放到炉子上，以驱散焙篓中的潮气。然后把茶饼均匀地摆列在焙篓里，打开包装，不能有遮蔽。等火力通透了，翻转茶饼再焙。用火的大小要根据焙篓的大小进行调整。把手伸进炉中，以火气虽热，却不烫手为宜。要不断用手搂茶，让火力通透茶的内外。有人说，炭火的温度达到人的体温就可以了，但这只能使茶饼表面干燥罢了，而茶饼内的湿气并未驱除，在火力作用下茶叶内部形成湿热，需要再次烘热。茶焙炙完毕后，立刻放入很久的竹器中并封闭严实，天阴潮湿的时候不能打开取茶。等过一整年后，再取出焙炙一次，这样茶色就会和新茶一样。

品名

名茶，各以所产之地。如叶耕之平园台星岩，叶刚之高峰青凤髓，叶思纯之大岚，叶屿之屑山，叶五崇林之罗汉山水，叶芽、叶坚之碎石窠、石臼窠，叶琼、叶辉之秀皮林，叶师复、师贶（kuàng）之虎岩，叶椿之无双岩芽，叶懋（mào）之老窠园。诸叶各擅其门，未尝混淆，不可概举。后相争相鬻[1]，互为剥窃，参错无据。曾不思知茶之美恶者，在于制造之工拙而已，岂岗地之虚名所能增减哉。焙人之茶，固有前优而后劣者，昔负而今胜者，是亦园地之不常也。

【注释】

① 鬻（yù）：卖。

【译文】

名茶都以所产之地来命名。就像茶农叶耕的茶名为平园台星岩茶，叶刚的茶名为高峰青凤髓，叶思纯的茶名为大岚，叶屿的茶名为屑山，叶五崇林的茶名为罗汉山水，叶芽、叶坚的茶名为碎石窠、石臼窠，叶琼、叶辉的茶名为秀皮林，叶师复、师贶的茶名为虎岩，叶椿的茶名为无双岩芽，叶懋的茶名为老窠园。这些叶家名茶各自专享其美名，不曾混淆，至于其他就不再一一列举了。后来，这些名茶争相出卖，互相冒充，以致弄得交错混乱、没有依据。殊不知茶叶品质的好坏，主要取决于制造工艺的优劣，哪里是所产之地的虚名能够决定的。茶农焙制出的茶，固然有先前质优而后来质劣的，但是也有过去差而如今好的，这说明出产名茶的园地也不是一成不变的。

外焙

世称外焙①之茶，脔（luán）小而色驳，体好而味淡，方正之焙，昭然可别。近之好事者，箧（qiè）笥（sì）之中，往往半之蓄外焙之品。盖外焙之家，久而益工，制造之妙，咸取则于壑源。效像规模，摹外为正。殊不知其脔虽等而蔑风骨，色泽虽润而无藏畜，体虽实而缜密乏理，味虽重而涩滞乏香，何所逃乎外焙哉！虽然，有外焙者，有浅焙者。盖浅焙之茶，去壑源为未远，制之能工，则色亦莹白；击拂有度，则体亦立汤。惟甘重香滑之味，稍远于正焙耳。至于外焙，则迥然可辨。其有甚者，又至于采柿叶、桴（fú）榄之萌，相杂而造。叶虽与茶相类，点时隐隐如轻絮泛然，茶面粟文不生，乃其验也。桑苎翁②曰："杂以卉莽，饮之成疾。"可不细鉴而熟辨之。

【注释】

① 外焙：非官方正式设置的焙茶处所，即个人私设的茶叶加工制造处所。

② 桑苎（zhù）翁：陆羽的别号。即从事农桑的老翁，有自我调侃味道，亦显闲淡情趣。

【译文】

　　所谓外焙茶，茶叶体型瘦小、颜色不纯，外表好看但味道薄淡，和正焙茶相比有明显的差别。近年来有些好事之人，常常在他们的茶筒里装上一半的外焙茶，以次充好。可以说，外焙的茶工，模仿做正焙茶的时间久了，技术也很精湛，完全取法北苑、壑源"正焙"的样式，把"外焙"茶仿制成了"正焙"茶的模样，惟妙惟肖。但他们不知道，外焙的私茶，虽然和正焙的官茶形状相近，但是缺乏风骨；色泽虽然也算莹润，可缺少内涵；茶体虽然硬实，可缺少细密的纹理；茶味虽然浓厚，可口感涩滞缺乏馨香，怎么能摆脱外焙的本质呢？虽然这样，茶中依然还是有外焙、浅焙茶的存在。浅焙的茶，与壑源"正焙"的茶相差不远，若制作再优良些，茶色也会晶莹纯白。点茶时如果击拂适度，汤花乳沫也能发立出来，只是甘、香、重、滑的味道，比起正焙茶来还是略微差一些。至于外焙茶差别就很大，立刻就能辨别出来。现在还有一些更不像话的人，他们采摘刚刚发芽的柿树叶、橄榄叶，然后掺杂到茶叶里焙制。其味道虽与茶叶相似，但点茶时会隐隐有像飞絮似的东西漂浮在茶面上，使茶汤表面不能形成粟纹似的汤花，这不就是掺假的证据吗？陆羽说："掺上有毒的其他树叶，人喝了就会生病。"喝茶的人怎么能不仔细鉴别呢？

《万安寺茶榜》拓本 ▶
（元）溥光

最开始用于寺院举办茶会时发布的公告叫茶榜，内容基本是邀请某人在某时间和地点参加茶会。到了宋元时期，茶榜从单调的公文体逐渐发展成具有艺术美感的文学作品，包括骈体文和诗词等。在宋元时期，茶榜仅限于寺庙的高级人员如方丈、监院和首座使用，主要用于重大礼节性茶会，如四时节庆、人事变动、迎送等场合，要求书写者遵守材质、内容、字体和行距等格式。这里展示的是戒坛寺的一块石刻茶榜。

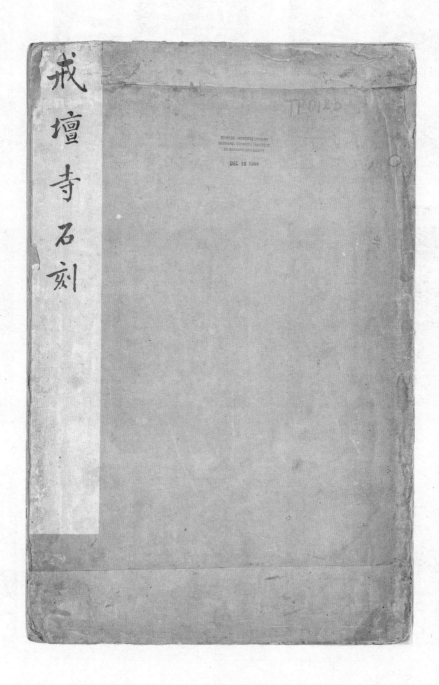

戒壇寺石刻

大禪師
雪菴頭
陷溥光

大宗師

士中奉

大夫
特賜圓

宗師寶

集正宗
轉輪真

佛覺普
安慧湛

伏惟

人間之

九結破

昏滯於
十纏於

心即茶
演法滁

借水澄

醒於一

方得法

芽於鷲

山頂上

氣靡蒙

雷於鹿

野苑中
聲消北

家風靂

國土白

雲生霧

光搖

以甘露

盆玉屑
飛時香

盡十方

灑落今

者法延

大啓海

消除資

戒心定智慧
心定

鳴龍樹 旨烚之 以三昧 烹煎之 輪煮之 以方便 以無礙

臺非闕 三朝共 以致 之手段 障煩惱 業障惑 爭嘗使

法是茶 二即醒 醒即夢 茵真悉 如斯煎 成正覺 眾生即

君于至大二年正月

座德嚴

山戒壇

【明】

许次纾　撰

茶疏

序

　　陆羽品茶①，以吾乡顾渚②所产为冠，而明月峡③尤其所最佳者也。余辟小园其中，岁取茶租④自判，童而白首，始得臻其玄诣⑤。武林⑥许然明⑦，余石交⑧也，亦有嗜茶之癖（pǐ）。每茶期，必命驾造⑨余斋头，汲⑩金沙⑪、玉窦⑫二泉，细啜⑬而探讨品骘⑭之。余罄⑮生平习试自秘之诀，悉⑯以相授。故然明得茶理最精，归而著《茶疏》一帙⑰，余未之知也。然明化三年所矣，余每持茗碗，不能无期牙⑱之感。丁未春，许才甫携然明《茶疏》见示，且征于梦。然明存日著述甚富，独以清事托之故人，岂其神情所注，亦欲自附于《茶经》不朽与？昔巩⑲民陶瓷肖鸿渐像，沽茗者必祀而沃之⑳。余亦欲貌㉑然明于篇端，俾㉒读其书者，并挹㉓其丰神可也。

　　万历丁未春日，吴兴友弟姚绍宪识㉔于明月峡中。

【注释】

① 陆羽：字鸿渐，一名疾，字季疵，号竟陵子、桑苎翁，又号"茶山御史"，唐代茶学家。据《文苑英华·陆文学自传》记载，陆羽三岁就成了孤儿，被竟陵龙盖寺主持智积禅师收养在寺院里。陆羽一生嗜茶，精于茶道，所著的《茶经》对中国和世界的茶业发展做出了卓越贡献。

② 顾渚：顾渚山，位于浙江湖州长兴水口乡顾渚村，这里三面环山，气候温和湿润，土质肥沃，极适合茶叶生长，山中出产的贡紫笋茶，非常著名。

③ 明月峡：在尧市山侧与顾渚山之间。

④ 茶租：茶园主把茶园租给农民，他们以实物（饼茶）向茶园主交纳地租。

⑤ 臻其玄诣：领会到其中的玄妙、奥妙。臻，到，达到。

⑥ 武林：旧时杭州的别称，以武林山得名。宋·苏轼《送子由使契丹》诗："沙漠回看清禁月，湖山应梦武林春。"

⑦ 然明：许次纾（1549—1604？），字然明，号南华，钱塘（今浙江杭州）人，明代茶人和学者。其父曾官至广西布政使，许次纾因腿疾未能走上仕途，以布衣终其一生。他的诗文创作甚富，可惜大半已失传，只有《茶疏》传世。

⑧ 石交：深厚的交情。《玉篇·石部》："石，厚也。"

⑨ 造：到访，去到。

⑩ 汲：从井里打水。

⑪ 金沙：顾渚山有金沙泉，唐时曾为贡品，《新唐书·地理志》："湖州吴兴郡……土贡紫笋茶……金沙泉。"清同治《长兴县志》："金沙泉在县西北四十五里顾渚山下，唐时以此水造紫笋茶进贡。"

⑫ 玉窦（dòu）：清·同治《长兴县志·泉》："玉窦泉在洛坞，唐罗隐筑室于此。"《舆地纪胜》："在县南六十五里，深广皆二尺，色绀碧，味甘。"

⑬ 啜（chuò）：食，饮。

⑭ 骘（zhì）：评定，评论。

⑮ 罄（qìng）：尽，用尽；全部拿出。

⑯ 悉：悉数，全部。

⑰ 帙（zhì）：书的卷册。

⑱ 期牙：指钟子期和俞伯牙。俞伯牙非常善于弹琴，但只有钟子期能欣赏俞伯牙的琴技，在钟子期亡故后，俞伯牙感到世上已再无知音，于是终生不再弹琴。这里以此喻知音难求。

⑲ 巩：巩县，在今河南省郑州西部。

⑳ 沽（gū）：出售，卖。沃：浇灌。

㉑ 貌：描绘。

㉒ 俾（bǐ）：使。

㉓ 挹（yì）：引得。

㉔ 识（zhì）：记载。

【译文】

陆羽品评茶叶，我的家乡顾渚产的茶叶被评为最好，而其中又数明月峡产的茶叶为最。我在明月峡开辟了一小块茶园，每年收到茶租后自己品第，从孩童到白发老翁，终其一生，我才开始领悟到品茶的奥妙所在。我的好朋友武林人许然明也有喝茶的爱好。每年一到采茶期，他必然会坐着马车来我这里，我们打来金沙泉和玉窦泉的泉水泡茶，细细品味茶的滋味，然后点评一番。我把毕生所学到的茶的知识和自己归纳的秘诀，全部都告诉了他。所以然明懂得的茶理最精。他回去之后就写了《茶疏》一卷，而我那个时候并不知道这件事。然明去世已有三年了，每当我端起茶碗，都会有知音难寻，悲从中来的感觉。丁未年（1607年）春天，许才甫把然明写的《茶疏》带来给我看，还告诉我，然明好像托梦于他。然明在世的时候，写的东西很多，唯独把这件清雅之事托付给了朋友，难道是他的精神情感太过于关注于此事，也想写出像《茶经》一样的传世名作吗？在过去巩县一带的人都会去烧制陆羽的陶瓷像，卖茶的人一定会在陶瓷像上浇茶水，以示祈祀。因此，我也想在文章开头描绘一下然明的容貌，让读这本书的人感受一下他的精神风貌。

万历丁未年（1607年）春天，友弟吴兴人姚绍宪写于明月峡中。

《茶事图》
（明）文徵明　收藏于中国台北故宫博物院

明代出现了我国茶文化发展的第三个高峰。这一时期，蒸青、炒青、烘青等工艺的出现，使茶叶的生产和加工水平达到了新的高度。饮茶成为普通百姓日常生活中不可或缺的内容。明代朱权提倡"冲泡法"，即用沸水直接冲泡茶叶。同时新型茶器兴起，紫砂茶器逐渐流行。

《惠山茶会图》 （明）文徵明 收藏于北京故宫博物院

根据蔡羽的《惠山茶会序》记载，正德十三年（1518 年）的清明时节，文徵明与他的好友蔡羽、王守、王宠、汤珍等人一同前往惠山游览。他们在这次游览中举办了一场茶会，大家一边品茶一边赋诗，相处得非常融洽。文徵明所画的这幅画作展示了这次聚会中的茶会场景。画中的景色给人一种幽静而悠闲的感觉：高大的青松遮天蔽日，山石嶙峋错落有致。在松树和石头之间有茅亭泉井，亭内有两人围着井栏坐在地上，一个人正俯身凝视着井水，另一个人则盘坐着展开卷轴阅读。亭子左边的松树下有一张茶桌，上面摆放着茶具。茶桌旁已经准备好了茶炉，两个侍童正在布置茶具并烧水煮茶。还有一个文士站在亭子后面，恭敬地拱手，似乎在向井栏边上的两位文士问候。一条蜿蜒的小径从亭子后面通向密林深处，前面有一个书童引路，后面有两个文士一边交谈一边漫步而来。

鄭公以吾七人燕獲唐覽于三白氏之盧
丁亥暴風雨戊子為二月十九清明日少
雨求無錫未遂惠山十里天忽霽日午造
泉所乃攀王氏鼎立二泉亭下七人者環
亭坐注泉于鼎三沸而三啜之識水品之
高卬古人之趣各陶陶然不能去矣於戲
膝咸旬日之力可過者造世之熟視與與
其友共矢顧視畴昔何如哉然世於山水泉石非知
吾輩則不能無疑以為無情於山水泉石
非知吾者也以為有情於山水泉石以
吾者也諸君子稷高器也為大朝和
九鼎而未偶姑遷意於泉石以陸羽為歸
將以羞時之樂紅粉奔權偉角錙銖者
諸諸君屋漏則養德羣居則講藝清志廬
剞聰明則滌之以茗遊于丘息于池用全
吾神而高趣于物茲萱陸子所能至武回
魯點之趣也會成賦詩冠以序正德十三
年戊寅二月清明日林屋山人蔡羽撰

惠山茶會序

渡江而潤金焦甘露勝由潤入句容三茅
山勝由句容至毗陵白氏園勝由毗陵至
無錫惠麓勝余之之金陵必經是衛程追
事脅或不得一造造或不得徧觀或不
得與明友共而私擷瓣知焉用是快快嘗
與衡山文徵明中山湯子重太原王寢約
工寢吉謀行而諸君各有典守又不敢舍
巳業以越人境正德丙子之秋長洲博士
古閣鄭先生掌教武進居于毗陵明年丁
丑夏吾師大學士太保靳公致政居于潤
又明年戊寅春子重以父病將禱于惠其二
月初九余得徃潤之日與諸友相見于冠
丘入薛以事乃獨與蕭汪潘和甫挾舟去
子重亦與其徒湯子朋同載前後行三宿
達潤余乃拜太保公于其第復登甘露寺
由多景樓故址以觀江海居二日而退舟

異齋□□踏青遊

留別鄭博士

相憶情何限為歡不可窮離杯春水綠驛路
杏花短棹輕鷗外孤城細雨中江湖愁滿地
飄轉任萍蓬

惠山作

雨之青山晚春泉滑正流松雲含竹色珠雪
濃龍漱品莒中泠下茶壜北苑授名賢雷豚
賞合向水經收

花朝舟中

送別丹陽暮懷人茂苑連東風含寒食雨
濕花朝草樹迎船過煙雲傍水消西津江路
潤客思正飄飄

望亭丹中諸友夜集

欄慢今何夕雷歡卜四難船依春水坐人飛
星看歲月淪江漢雲霄拂羽翰達吾眾惜
慇懃酒杯乾

中山湯珍

送湯二子重遊茅山
食霞懷性哲采秀歷名山五嶽披雲近三花
拂洞間鸞歌飄象外鳥蒙落巖間日夕
望真氣青牛應駕還

錫山舟中對月
素水無邊闊揚帆月窟遊烟花迷四顧杯
酒誰中流川勢分襟帶檣標犯斗牛平生

靳師太保公光霽樓酌別

太保登臺北辜山統八思松中興自是京口地
無雙孤氣能熏出清風直迫江諸賢佩懍
地春日倚征幢

還次毘陵與諸友集鄭湖官舍

七日閶門約都來訪鄭家喜盈翻劇歐談細客
遮眠久利促天降相逢愛月圓明朝渡樟鼓
客渡滿江煙

過白氏園

名園鄉相後公至六豪會曲、諸壑路重、好
樹花多年雲不去幾庭膝無涯玉雪即右
少偏餘遂客茶

酌象惠山

惠麓烱中見名泉挂枝尋識黌多翠末宠
轉尚雲林苧有煎茶法人無飲水心清風潺修
竹山古譚餘音

清明日同諸友宿惲亭

南北多岐沒泊弄六者再理雲初效里把酒愬
良辰客涼清江笛芹夭古驿春但教吾道在
餘食未滿實

蔡羽

鄭博士官舍夜集

春帆慶梅柳連夕會江樓海內偏青眼天涯
易向頭夜進北斗明月滿西州綠酒頻、酌
渾銷舊別愁

遊白氏園

石路去縈紆春渠過客許金谷流飈賽筱除湖山雙
暎春渠過客許亭臺盡不如倩花扶繡柱偕柳
在眼都卜伴熊漁
宛轉山林迤邐都歸相國家鑒不當驛竹晨水

徑曲知何處突兀林㟁薜荔猶堪補心塵聊更洗閑趣
好評泊水経茶譜童子語山深勝游地停杯悶取嘆焦
青餐霞竹裡幽情付與　長伴暗谷泉生淨濯蘭纓傍
雅亭幽樹霜痕消蕙雪金鼎內融得一壺春聚慎悴玉
川人坐清晝危闌漫撫想松風度層峭正翠陰迷路　玉田
舊雨江湖遠鴻漸重來細叱浮梅琰香莓幽径滑芳井
韻龍吻春靈玉瀡椀試新湯與吹透金鑪燧記留連
流花漲膩松風古澗　都是惜別行蹤送客將歸向暮
江目斷寫情題水葉山黛映一二半斜清淺倒影洗
閑愁共留取生綃淨蕭潟冰泉亂峯鎖任紅塵一片　集吳

右調龍山會題文衡山惠山茶會圖此圖秀潤古雅士氣
盎然為衡山生平傑作假令松雪見之亦當斂手何況餘子

小引

　　吾邑①许然明，擅声词场旧②矣。丙申之岁，余与然明游龙泓③，假宿④僧舍者浃旬⑤。日品茶尝水，抵掌道古⑥。僧人以春茗相佐⑦，竹炉沸声，时与空山松涛响答⑧，致足乐也。然明喟然曰⑨："阮嗣宗以步兵厨贮酒三百斛⑩，求为步兵校尉，余当削发为龙泓僧人矣。"嗣⑪此经年⑫，然明以所著《茶疏》视余，余读一过，香生齿颊，宛然龙泓品茶尝水之致也。余谓然明曰："鸿渐《茶经》，寥寥千古⑬，此流堪为鸿渐益友，吾文词则在汉魏间，鸿渐当北面矣⑭。"然明曰："聊以志⑮吾嗜痂之癖⑯，宁欲为鸿渐功匠也⑰。"越十年，而然明修文地下⑱，余慨其著述零落，不胜人琴俱亡⑲之感。一夕梦然明谓余曰："欲以《茶疏》灾木⑳，业以累子。"余蘧然觉而思龙泓品茶尝水时㉑，遂绝千古，山阳在念㉒，泪淫淫㉓湿枕席也。夫然明著述富矣，《茶疏》其九鼎一脔㉔耳，何独以此见梦？岂然明生平所癖，精爽㉕成厉㉖，又以余为臭味㉗也，遂从九京相托耶㉘？因授剞劂以谢然明㉙。其所撰有《小品室》《荡栉斋》集，友人若贞父诸君方谋锓㉚之。

　　丁未夏日，社弟许世奇才甫撰㉛。

【注释】

① 邑：县、城镇，这里指同乡。

② 擅声：享誉声名。词场：文坛。旧：长久，持久。

③ 龙泓：龙井。龙泓处于西湖西南的风篁岭山，为西湖群
山南、北两大支的交接点，这里泉源茂盛，大旱不竭，
古人以为龙之所居，由此得名"龙井"。龙井泉水清澈
甘洌，与虎跑泉、玉泉合称西湖三大名泉。

④ 假宿：借宿。

⑤ 浃（jiā）旬：十天。

⑥ 抵掌：击掌，指人在谈话中开心的神色，亦因指快谈。
道古：称道古代，谓之谈论过去。

⑦ 佐：辅助，帮助，相伴。

⑧ 响答：响应；应答。

⑨ 喟然：形容叹气的样子。

⑩ 阮嗣宗：阮籍（210—263），字嗣宗，陈留尉氏（今河
南尉氏）人，晋竹林七贤之一。阮籍好酒，他听说步兵
厨营人善酿，于是就请求去那里当步兵校尉，遂得"阮
步兵"雅号。

⑪ 嗣：继承；接续。

⑫ 经年：经过一年。

⑬ 寥寥：形容数量稀少。千古：久远的年代。

⑭ 北面：面向北。在古代臣拜君，卑幼拜尊长，皆面向北

行礼，因而居臣下、晚辈之位曰"北面"。这是指许世奇认为许次纾的文词比陆羽好。

⑮ 志：记录，叙述，写下。

⑯ 嗜痂之癖：原指爱吃疮痂的癖性，后形容怪癖的嗜好。典出《宋书·刘邕传》："邕所至嗜食疮痂，以为味似鳆鱼。尝诣孟灵休，灵休先患灸疮，疮痂落床上，因取食之。灵休大惊。答曰：'性之所嗜。'"

⑰ 宁：宁可，宁愿。全句意为许次纾表示宁愿做对陆羽有贡献的懂茶之人。

⑱ 修文地下：旧指有才文人早死。

⑲ 人琴俱亡：形容看到遗物，怀念死者的悲伤心情，常用来比喻对知己、亲友去世的悼念之情。典出南朝·宋·刘义庆《世说新语·伤逝》："弦既不调，掷地云：'子敬子敬，人琴俱亡！'恸绝良久，月余亦卒。"

⑳ 灾木：义同"灾梨"，谓刻印无用的书，灾及作版的梨木。常用作刻印己书的谦词。

㉑ 蘧（qú）然：惊觉。

㉒ 山阳在念：怀念故友。山阳，一为县名，一为山阳笛的省称。魏晋之际，名士嵇康、向秀等尝居山阳县（在今河南修武境）为竹林之游，在好友嵇康死后，向秀路经山阳旧居，听到有人吹笛，不由想起亡友嵇康，所以做了《思旧赋》。后世遂用"山阳笛"作为怀念老朋友的典实。

㉓ 泪淫淫：痛哭流涕，泪流满面。

㉔ 九鼎一脔：九鼎里的一小块肉。这里形容许然明著作颇多。九鼎，相传为夏禹所铸，在古代象征国家政权。脔，小块肉。

㉕ 精爽：魂魄。

㉖ 厉：无人祭祀之鬼。

㉗ 臭（xiù）味：比喻同类。

㉘ 九京：犹九泉，指地下。

㉙ 剞劂（jī jué）：刻刀，引申为刻印书籍。

㉚ 锓（qǐn）：刻。

㉛ 社弟：同社之弟。社，一种古代的地区单位，在元代五十家为社。

【译文】

　　我的同乡许然明，在文坛纵横多年，很有声名。丙申年（1596年），我和然明去龙泓游玩，借宿在一家僧舍，在那里住了十天时间。我们每天饮茶，谈古论今。僧人以一盏春茶相伴，竹炉隆隆，沸水滚滚，这时林间松声涛涛彼此呼应，真是一种难得的乐趣。然明情不自禁地感慨道："阮嗣宗因为步兵厨储藏了三百斛的好酒，就想要当步兵校尉，如今我应该把头发削去，当一个龙泓的僧人。"过了一年时间，然明把写好的《茶疏》让我看，我读起来竟有一种茶香在唇齿之间的感觉，宛然像重回龙泓饮茶。我对然明说："陆羽的《茶经》，千百年来一直孤寂于历史长河之中，现在它不孤单了，你的《茶疏》可以成为它的好朋友了。你的《茶疏》有汉魏之风，即便是陆羽看到你的作品，也会自愧不如。"然明说道："《茶疏》只是写了我的一些个人癖好，我希望这本《茶疏》可以成为陆羽的补充，算是一个懂茶的人对茶的一点贡献吧。"十年后，这时然明已去世多年，我感慨他这么好的一部著述将要散佚，顿时生出一种伤感。一天，我做梦梦到然明对我说："我想要把《茶疏》刻印成书，这个事情就有劳于你了。"我突然间醒来，回忆起曾经在龙泓品茶的日子，真是千古难觅好友，我怀念着与他结伴饮茶的日子，一时之间不觉已泪流满面浸湿了枕席。然明一辈子写了很多书，《茶疏》只是其中很少的一部分，那为什么我仅仅梦到了它呢？难道是然明平生的癖好化作了鬼魂侵入到了我的梦中，或者也因为我和他对茶有着同样的癖好，所以他才从九泉之下托梦给我吗？于是我把《茶疏》刊刻成书以缅怀然明。除此之外，他的《小品室》《篛栭斋》等，他的朋友若贞父也正在谋划刊刻。

　　丁未年（1607年）夏天，社弟许世奇撰。

《斗茶图》 （明）唐寅 收藏于中国台北故宫博物院

斗茗，亦称斗茶或茗战，是一项评比茶叶品质的竞赛活动，在古代被王公贵族和文人骚客视为雅事。最早记载斗茶的地方是福建建州茶乡。每年春季新茶问世之际，茶农和茶客们会根据新茶的品质进行排名。

产茶

天下名山，必产灵草①。江南地暖，故独宜茶。大江以北，则称六安②。然六安乃其郡名，其实产霍山县③之大蜀山④也。茶生最多，名品亦振⑤，河南、山、陕人⑥皆用之。南方谓其能消垢腻⑦、去积滞⑧，亦共宝爱。顾⑨彼山中不善制造，就于食铛⑩大薪炒焙，未及出釜⑪，业⑫已焦枯，讵⑬堪⑭用哉。兼以竹造巨笱⑮，乘热便贮，虽有绿枝紫笋⑯，辄就萎黄，仅供下食⑰，奚⑱堪品斗⑲。

江南之茶，唐人首称阳羡⑳，宋人最重建州㉑，于今贡茶，两地独多。阳羡仅有其名，建茶亦非最上，惟有武夷雨前㉒最胜。近日所尚者，为长兴之罗岕㉓，疑即古人顾渚紫笋也。介于山中，谓之岕，罗氏隐焉，故名罗。然岕故有数处，今惟洞山㉔最佳。姚伯道㉕云：明月之峡，厥㉖有佳茗，是名上乘㉗。要之㉘，采之以时㉙，制之尽法㉚，无不佳者。其韵致清远，滋味甘香，清肺除烦，足称仙品㉛。此自一种也。若在顾渚，亦有佳者，人但以水口茶名之，全与岕别矣。若歙㉜之松萝㉝、吴㉞之虎丘㉟、钱塘㊱之龙井，香气秾郁，并可雁行㊲，与岕颉颃㊳。往郭次甫㊴亟㊵称黄山，黄山亦在歙中，然去松萝远甚。往时士人皆贵天池㊶，天池产者，饮之略多，令人胀满。自余始下其品，向多非之。近来赏音㊷者，始信余言矣。浙之产，又曰天台㊸之雁宕㊹、括苍之大盘、东阳之金华、绍兴之日铸，皆与武夷相为伯仲。然虽有名茶，当晓藏制。

制造不精，收藏无法，一行出山，香味色俱减。钱塘诸山，产茶甚多。南山尽佳，北山稍劣。北山勤于用粪，茶虽易苗，气韵反薄。往时颇称睦^㊺之鸠坑^㊻、四明^㊼之朱溪，今皆不得入品^㊽。武夷之外，有泉州之清源，倘以好手制之，亦是武夷亚匹^㊾，惜多焦枯，令人意尽。楚之产曰宝庆，滇之产曰五华，此皆表表^㊿有名，犹在雁茶之上。其它名山所产，当不止此，或余未知，或名未著，故不及论。

【注释】

① 灵草：有灵性的植物，这里指茶。

② 六（lù）安：六安州，处于长江与淮河之间，大别山北麓。此处指六安茶。

③ 霍山县：霍山县位于安徽省西部，大别山北麓。

④ 大蜀山：霍山县境内的大蜀山不详，有人以为当是"大别山"。

⑤ 振：同"震"，名声震动。

⑥ 河南：今河南省，古称豫州，位于中国中东部，因大部地区在黄河以南，故名河南。山：今山西省。陕：今陕西省。

⑦ 垢（gòu）腻：污垢，黏附于人体上的不清洁的物质。

⑧ 积滞（zhì）：食积不化所致的一种脾胃病症。

⑨ 顾：但是。

⑩ 铛（chēng）：古代一种由金属或陶瓷制成的锅，有耳

和足，用于烧煮饭食。

⑪ 釜（fǔ）：古时一种圆底而无足的炊器。

⑫ 业：已然，已经。

⑬ 讵（jù）：怎么，难道。表示反问。

⑭ 堪：胜任。

⑮ 笱（gǒu）：竹制的捕鱼器具，口大窄颈，腹大而长，鱼能入而不能出。

⑯ 紫笋：紫笋茶，产于今浙江长兴县水口乡顾渚村。紫笋是茶树无性系品种之一。从贵州丛茶的实生后代中单株选育而成，以嫩叶色泽微紫、背卷、状似笋壳而得名。陆羽《茶经》记载："紫者上，笋者上，野者上"，就是对紫笋茶的评价。

⑰ 下食：没有档次的饮食。

⑱ 奚：疑问词，犹何。

⑲ 品斗：品，比较，评论。斗，斗茶。品斗即品评斗茶。

⑳ 阳羡：江苏宜兴的古称。宜兴铜棺山，即古阳羡。所产茶被茶神陆羽评为"芳香甘辣，冠于他境"，为唐代最早的官制贡茶。此后因产量不敷入贡，始有湖州顾渚分山析造。

㉑ 建州：今福建建瓯。产自其地的茶，号建茶。

㉒ 武夷雨前：指武夷山雨前茶。雨前，谷雨前。武夷山位于江西与福建西北部两省交界处，武夷山在明代以后至

今一直是中国的名茶产区。

㉓ 罗岕（jiè）：茶名。产于浙江长兴，又称岕茶，是明清时的贡茶。

㉔ 洞山：位于长兴县城西北9公里的白岘乡罗岕村。

㉕ 姚伯道：姚绍宪的哥哥，名叫姚绍科，字伯道，为姚一元长子。

㉖ 厥：助词，位于句首。

㉗ 上乘：上品，上等。

㉘ 要之：总之。

㉙ 以时：按一定的时间，及时。

㉚ 尽法：全部依照法制。

㉛ 仙品：不常见的稀有之品。

㉜ 歙（shè）：歙县，位于皖南地区。

㉝ 松萝：松萝茶，产于松萝山，明清以来的名茶。

㉞ 吴：吴郡，今苏州，春秋时为吴国都。

㉟ 虎丘：虎丘茶。

㊱ 钱塘：钱塘县，在今浙江杭州。

㊲ 雁行：同列，同等。

㊳ 颉颃（xié háng）：不相上下，相抗衡。

㊴ 郭次甫：明穆宗隆庆年间著名隐士，五游山人。

㊵ 亟：副词，经常，多次。

㊶ 天池：天池茶，产于苏州天池山，天池山位于苏州西南 15 公里藏书镇境内，与姑苏名山天平山、灵岩山一脉相连，是浙江天目山的余脉。

㊷ 赏音：知音。

㊸ 天台：中国最早的产茶地之一。

㊹ 雁宕：雁荡山，位于浙江温州东北部海滨。

㊺ 睦：睦州，隋置，在今天的浙江淳安西。

㊻ 鸠坑：鸠坑茶，浙江省淳安县特产。五代毛文锡《茶谱》记其"睦州之鸠坑极妙"。

㊼ 四明：浙江宁波的别称，因为境内有四明山而叫作四明。

㊽ 入品：列入等级，多指达到一定的标准规格。

㊾ 亚匹：同一流。

㊿ 表表：卓异，特殊。唐·韩愈《祭柳子厚文》："子之自著，表表愈伟。"

【译文】

凡天下名山，必定出产名茶。江南气候湿润温暖，因此特别适合茶树生长。而长江以北茶的出产圣地在六安（今安徽省）。但是六安只是郡的名称，真正产地在霍山县的大蜀山。这个地方产茶最多，名气也很大，河南、山西、陕西等地的人都喜爱喝六安茶。南方的人们觉得六安茶可以消除淤垢污秽、积滞之状，因此也都非常喜爱六安茶。只是大蜀山中的人不善于制茶，他们把茶放在食铛中用大火焙炒，还没等到出锅，茶叶就已经焦枯了，还怎么能食用呢？炒完的茶热气还没消散就放入竹造的巨筍中贮藏，虽有那种名贵的绿枝紫笋茶，也会因此变质而萎黄，只能当作下等茶饮用，还怎么可能再去品鉴斗茶呢？

江南所产的茶，唐代人比较推崇阳羡茶，宋代人比较看重建州茶，到了现在，能作贡茶的，也就这两个地方特别多。阳羡茶只是有点儿名气，但不是最上佳的选择，建州茶质地也不是最上等的，只有武夷地区谷雨时节前所采摘的茶是最好的。现在所推崇的，是长兴的罗岕茶，可能这就是古时候人们所说的顾渚紫笋。岕的意思就是两座山之间的地块儿，有姓罗的人士在那里隐居，所以命名为罗。但是产岕茶的地方有好几处，现在只有洞山所产的最好。姚伯道说：明月峡里产的好茶，称得上是上等名茶。总的来说，只要按时采摘，用好的方法制茶，就没有不是好茶的。茶味清新隽永，滋味甘甜芬芳，还可以清肺除烦，真的是上仙佳品。这自然算得上是一种。如果在顾渚，也有好茶，但是人们仅仅用水口茶命名它，这完全与罗岕茶不一样了。如歙县的松萝茶、吴地的虎丘茶、钱塘的龙井茶，都是香气迷人，浓郁醇厚，可以与岕茶相提并论。过去，郭次甫一再称赞黄山所产的茶叶，虽然黄山也在歙中，但是与松萝茶相比差之甚远。过去士人都喜欢天池茶，只是天池之地所产的茶叶，略多饮一点儿，就会有一种饱胀之感。我以前一直看低这种茶，但也有很多人不赞成我的这种看法，但是近年来，有很多知音也认同我的看法了。浙江所产的茶，还有天台的雁宕、括苍的大盘、东阳的金华、绍兴的日铸，都与武夷山地区所产的茶不相上下。现在有了名茶，还应当知道如何收藏制作，如果制茶方法不精良，贮藏茶叶不得法，一旦出山，茶香和茶色就会失去。钱塘诸山，产茶特别多。南面的山产的茶都不错，但是北面的山产的茶就稍微逊色一点儿了。北面的山用粪多，茶树虽然长得很茁壮，但是气韵却淡了很多。过去很多人都喜欢睦州鸠坑、四明朱溪的茶，现在看来，这些茶的成色都不入流。武夷之外，还有泉州的清源茶，如果制作方法得当，也能成为同武夷茶一样好的茶，可惜的是，这种茶大多制作出来时就已经焦枯，令人大失所望。楚地所产叫宝庆茶，云南所产为五华茶，这些茶都很好，差不多在雁荡茶之上。其他名山上所产的茶，应该不止这些，有的是我不知道的，有的是名声不太大的，所以我没有谈论到。

《写经换茶图》卷 （明）仇英 收藏于中国台北故宫博物院

観自在菩薩行深般若波羅蜜多時照
見五蘊皆空度一切苦厄舍利子色不
異空空不異色色即是空空即是色受
想行識亦復如是舍利子是諸法空相
不生不滅不垢不淨不增不減是故空
中無色無受想行識無眼耳鼻舌身意
無色聲香味觸法無眼界乃至無意識
界無無明亦無無明盡乃至無老死亦
無老死盡無苦集滅道無智亦無得以
無所得故菩提薩埵依般若波羅蜜多
故心無罣礙無罣礙故無有恐怖遠離
顛倒夢想究竟涅槃三世諸佛依般若
波羅蜜多故得阿耨多羅三藐三菩提
故知般若波羅蜜多是大神咒是大明
咒是無上咒是無等等咒能除一切苦
真實不虛故說般若波羅蜜多咒即說
咒曰
揭諦揭諦波羅揭諦波羅僧揭諦菩提
薩婆訶

嘉靖二十一年歲在壬寅九月廿
又一日書于崑山舟中徵明

松雪以茶葉換鵝若自附於右軍以黃庭
易戴其風流蘊藉豈特在此微物哉盖亦
自負其書法之能繼晉人耳惜其書已已家
君遂用黃庭法補之于舜又諸仇君實甫以
龍眠筆意寫書經圖于前則此事當遂不
朽矣癸卯八月八日　文嘉謹識

今古制法

古人制茶，尚龙团凤饼^①，杂以香药。蔡君谟^②诸公，皆精于茶理^③，居恒斗茶^④，亦仅取上方^⑤珍品碾之，未闻新制。若漕司^⑥所进第一纲^⑦名北苑试新^⑧者，乃雀舌^⑨、冰芽^⑩所造。一铸^⑪之直至四十万钱，仅供数盂^⑫之啜，何其贵也。然冰芽先以水浸，已失真味，又和以名香，益夺其气，不知何以能佳。不若近时制法，旋摘旋^⑬焙，香色俱全，尤蕴真味。

【注释】

① 龙团凤饼：这里指的是北宋贡茶。因制茶的模板里有龙凤图案，故名。

② 蔡君谟：蔡襄（1012—1067），字君谟，祖籍福建仙游枫亭，他创制了小龙团茶，所编辑的《茶录》也是记录宋代点茶法的一部重要茶书。

③ 茶理：茶之哲理和学识。

④ 斗茶：又叫"茗战"，起源于唐末五代建州地区，唐·冯贽《记事珠》记"建人谓茗战为斗茶"。到了宋代斗茶

分两种，一是建州地区的茶农对制作的茶叶进行比赛，评鉴所制茶品的高低；一是喝茶人的高雅玩法，喝茶时对色、浮、味、香进行互比品评。

⑤ 上方：同"尚方"，宫廷里负责饮食的部门。

⑥ 漕司：宋代转运使司的简称，也叫"漕台"。这里指福建路转运使。宋代刚开始时设立随军转运使供应办理军需物资，太宗以后，转运使的职权不断扩大，从原本掌管军事粮草逐渐到财政、司法、监察等，成为地方上重要的管理机构。在宋代监督建造北苑贡茶且供奉皇帝，是转运使比较有特色的一个职责之一。

⑦ 第一纲：指宋代建州北苑官焙茶园每年第一批的贡茶。纲，宋代水上陆地运输茶叶，用一定数量的同类物资组合成为一纲，才能运输，就叫纲运。根据南宋赵汝砺的《北苑别录》记载，北苑上贡茶每年分十批次进贡朝廷。由于第一纲、第二纲运的早且量也很少，每纲才只有一个种类贡茶。

⑧ 北苑试新：也叫龙焙试新，又简称试新铸，北宋徽宗大观二年皇帝下令建造贡茶。根据宋·姚宽《西溪丛语》卷上记载："茶有十纲，第一、第二纲太嫩，第三纲最妙，自第六纲至第十纲，小团至大团而止。第一名曰试新；第二名曰贡新。"第一纲只有一种龙焙茶让品尝试新。但是到了南宋后期，据赵汝砺的《北苑别录》记载，龙焙茶试新又变成第二纲仅仅一种的贡茶。

⑨ 雀舌：像麻雀舌头一样又细又嫩的茶芽。宋沈括《梦溪

笔谈·杂志一》："茶芽，古人谓之'雀舌''麦颗'，言其至嫩也。"也是用嫩芽焙制的上等茶的名字。

⑩ 冰芽："水芽"的误称，是宋代北苑官焙生产茶时所选用的最为细嫩的茶芽。根据熊蕃的《宣和北苑贡茶录》记录，水芽是郑可简在宣和二年（1427年）担任福建路转运使时创造的，"将已拣熟芽再剔去，只取其心一缕，用珍器贮清泉渍之，光明莹洁，若银线然"，他创造的这种茶叶叫银线水芽，之后第一纲叫龙焙贡新；第二纲叫龙焙可以试新；第三纲叫龙园胜雪茶、白茶，共有四种品质极好的贡茶都是用水芽制作的。

⑪ 銙：古代时附着在腰带上的扣版，做成方、椭圆等形状，到了宋代用它作计算团茶的量词；也可指片茶、团茶、饼茶等。

⑫ 盂（yú）：一种圆口器具，用来盛汤浆或饭食。

⑬ 旋：立马。

【译文】

古时候的人制茶，推崇龙团凤饼，会在其中放入很多香料。蔡君谟等君子都精通茶的知识和道理，平日经常品茶，斗茶，不过也只是选择一些不错的珍品将它们碾碎，没有新的制法。至于转运司进献的第一纲贡茶北苑试新，是用雀舌和水芽制造出来的。一铸能有四十万钱，但是仅仅能供人喝那么几盏，这个价钱实在是太贵了。然而，水芽先用水浸泡，已经失去了茶原有的味道，再用名香混合制成，更加使茶失去了原来的香气，这根本不能说是一种好茶。而现今的制茶方法就是，茶叶一摘下来，马上就焙炒，这样又有香气，又有色泽，蕴含着茶本来的醇香，使茶的本性、真味得到充分发挥。

明太祖朱元璋坐像
选自《历代帝后像》
轴 佚名 收藏于中国
台北故宫博物院

明太祖朱元璋于洪武二十四年（1391年）九月下诏："诏建宁岁贡上供茶，听茶户采进，有司勿与……帝以重劳民力，罢造龙图，惟采茶芽以进。"从表面上看，这是推动明代饮茶方式变化的直接动力。然而更深层次的原因则是茶饼的制作不仅损伤了茶叶的自然之性，而且工艺和饮用时的烦琐使饮茶日渐脱离人们的日常生活，成为一种人为的桎梏。

采摘

清明①、谷雨，摘茶之候也。清明太早，立夏②太迟，谷雨③前后，其时适中。若肯再迟一、二日期④，待其气力完足，香烈尤倍，易于收藏。梅时⑤不蒸，虽稍长大，故⑥是嫩枝柔叶也。杭俗喜于盂中撮点⑦，故贵极细。理烦散郁，未可遽⑧非。吴淞⑨人极贵吾乡龙井，肯以重价购雨前细者，狃于故常⑩，未解妙理。岕中之人，非夏前不摘。初试摘者，谓之开园。采自正夏⑪，谓之春茶。其地稍寒，故须待夏，此又不当以太迟病⑫之。往日无有于秋日摘茶者，近乃有之。秋七八月，重摘一番，谓之早春。其品甚佳，不嫌⑬少薄。他山射利，多摘梅茶。梅茶涩苦，止⑭堪作下食，且伤秋摘，佳产戒之。

【注释】

① 清明：二十四节气之一，在每年公历4月5日前后。

② 立夏：二十四节气之一，在每年公历5月5日前后。

③ 谷雨：二十四节气之一，在每年公历4月20日前后。

古人将谷雨描述成"雨生百谷"，是说谷雨时节一到，

寒冷的天气就要消散，天气开始回暖，非常有利于谷类
等农作物的生长。

④ 期：疑为衍字。

⑤ 梅时：即为梅雨时节。在每年6月中下旬至7月上半月
这一段时间，我国长江中下游地区、江淮地区，出现的
接连不断的雨水天气，因这时梅子快要长熟，所以叫它
"梅时"。

⑥ 故：副词，仍旧，照样。

⑦ 撮（cuō）点：即"撮泡"法，为明代时杭州的一种冲
点泡茶的方法。

⑧ 遽：快速，匆忙。

⑨ 吴淞：位于上海市北部，黄浦江流入长江口（即吴淞口）
的西边。

⑩ 狃（niǔ）于故常：沿袭了以前的方法。狃，沿袭，拘泥、
固执。

⑪ 正夏：农历四月。

⑫ 病：以……为污垢。

⑬ 嫌：讨厌，不满足。

⑭ 止：通"只"，不过，就是。

【译文】

　　清明、谷雨时节，都是采摘茶叶的好时候。清明节有点儿太早了，立夏又太迟，而谷雨前后这段时间，是刚好不过的。如果可以，再晚一两天，也没问题，等到茶叶的茶力十足，香气特别浓郁的时候，就可以采摘储藏了。梅雨时节，天气还不是很热，即使叶片稍微长大些，也仍然是柔嫩的枝叶。杭州有个习俗，就是把细细的茗叶放在盂中，用沸水点泡，所以茶叶极为细嫩。喝茶能够消除烦闷，发散郁结之气，所以不能在没有了解茶这一门道之前，就草率地否定它。吴淞人非常喜欢我家乡的龙井茶，乐意用高价购买谷雨之前采摘的茶叶，这是受传统习惯的影响，我现在还不能理解其中的奥妙。岕中的人们，一定要赶在立夏之前，采摘茶叶。第一次尝试采摘茶叶，称作开园茶。正夏四月采摘的茶，叫作春茶。由于岕中的气候要稍微寒冷一些，所以需要在夏天的时候采摘，这就不能怪茶人采摘得太迟。以前是没有人在秋天采茶的，直到最近这些时候，才有这样的事。在秋天的七八月份，重新采摘一番茶叶，称之为早春茶。由于它的品质不错，产量没那么多也没什么关系。其他的茶山为了多挣钱，大都在梅雨时节前就采摘了茶叶。而梅茶味苦，也就只能当低档茶叶了，再说这样做也不利于秋天的采摘。所以如果想要有比较好的收获，就不要在梅雨前采摘茶叶。

《品茶图》 （明）陈洪绶 收藏于中国台北故宫博物院

炒茶

生茶初摘，香气未透，必借火力，以发其香。然性不耐劳[1]，炒不宜久。多取入铛，则手力不匀，久于铛中，过熟而香散矣。甚且[2]枯焦，尚[3]堪烹点。炒茶之器，最嫌[4]新铁。铁腥一入，不复有香。尤忌脂腻[5]，害甚于铁，须豫[6]取一铛，专用炊饭，无得别作他用。炒茶之薪，仅可树枝，不用干叶。干则火力猛炽，叶则易焰易灭。铛必磨莹[7]，旋摘旋炒。一铛之内，仅容四两[8]。先用文火焙软，次加武火催之。手加木指[9]，急急钞[10]转，以半熟为度。微俟香发，是其候矣。急用小扇钞置被笼[11]，纯绵大纸衬底燥焙，积多候冷，入罐收藏。人力若多，数铛数笼。人力即[12]少，仅一铛二铛，亦须四五竹笼。盖[13]炒速而焙迟，燥湿不可相混，混则大减香力。一叶稍焦，全铛无用。然火虽忌猛，尤嫌铛冷，则枝叶不柔。以意[14]消息，最难最难。

【注释】

① 劳：烦多，在这里指多炒而受热时间变长。

② 甚且：甚至。所提出的是突出的、进一步的事例。

③ 尚：尚且，还。

④ 嫌：忌讳。《公羊传》："贵贱不嫌同号，美恶不嫌同辞。"

⑤ 脂腻：油脂，油腻。晋人左思《娇女诗》："脂腻漫白袖，烟熏染阿锡。"

⑥ 豫：预备，就是事先做准备。

⑦ 莹：光洁明亮，光亮。

⑧ 两：重量单位。古时二十四铢为一两，十六两为一斤。

⑨ 木指：用竹木制作的指套，主要用于炒制茶叶。

⑩ 钞：同"抄"，抄起、抓起。

⑪ 被笼：其实就是焙茶笼。

⑫ 即：假如。

⑬ 盖：连词，承接上文，表示原因，也可理解成因为。

⑭ 意：料想，估计。

【译文】

　　新鲜的茶叶刚刚采摘下来，香气还未散发出来，一定要借用火力焙炒，以激发它的香气。然而茶叶本性不耐热，翻炒的时间过久也是不适当的。铛中茶叶放得过多，那么用手的力气就不容易翻炒均匀了，这样长时间放在铛中，炒得过熟就会让茶叶的香味丧失掉，甚至会干枯变黄，变脆，还怎么能再经受冲泡呢。炒茶用的器具，最忌讳的就是使用新铁。因为新铁会有很大的铁腥味，一旦进入茶叶，茶香就会被淹没。但炒茶叶最忌讳的还是铛里有油脂，想比新铁的铁腥味更糟糕。所以必须事先准备一铛，专门用来做饭，不能用做其他用途。炒茶所用的薪柴，只能用树枝不能用树干、树叶。树干的火力强烈，树叶容易燃烧也容易熄灭。铛一定要磨得透亮光洁，茶叶只要一摘下来，就立即炒制。一个铛里面，不能放入太多的茶叶，只能放入四两。先用小火把茶叶炒软，然后再用大火催熟。手上戴上木指套，快速地进行翻炒，以达到半熟的程度。等到香气微微散发出来，这个时候就可以了。要赶快用小扇子把茶抄取到焙茶笼中，用纯棉的大纸做衬垫儿垫着茶，慢慢焙燥，就这样一点点积累，直至增多，等到所有的茶冷却下来，放入罐子收藏。人手如果足够的话，就可以用很多铛，很多笼来同时炒焙。人手少的话，可以只用一两个铛来炒茶，四五个竹笼来焙茶。因为炒制的时间短，茶叶出锅后焙燥的时间长，所以干燥和湿润的茶叶不可以混合装入，混合起来就会大大减弱茶叶的香气。一片茶叶如果呈现焦枯之状，整个铛的茶叶就不能用了。炒制茶叶的时候，虽然用火不能太猛烈，但是铛的温度总体上还是要保持高一点儿，这样茶叶就不会变柔软。由此看来调控火候之间的温度变化，才是最难的。

明代玉兰花六瓣壶　收藏于香港茶具文物馆

周高起在《阳羡茗壶系》中说："茶至明代不复碾屑和香药制团饼，此已远过古人。近百年中，壶黜银锡及闽豫瓷而尚宜兴陶，又近人远过前人处。"

明代六瓣水仙壶　收藏于香港茶具文物馆

明中期开始，造型精美的紫砂壶开始流行。张岱在《陶庵梦忆》中说："宜兴罐以龚春为上，一砂罐，直跻商彝周鼎之列而毫无愧色。"

岕中制法

岕^①之茶不炒，甑^②中蒸熟，然后烘焙。缘其摘迟，枝叶微老，炒亦不能使软，徒枯碎耳。亦有一种极细炒岕，乃采之他山炒焙，以欺好奇者。彼中甚爱惜茶，决^③不忍乘嫩摘采，以伤树本。余意他山所产，亦稍迟采之，待其长大，如岕中之法蒸之，似无不可。但未试尝，不敢漫^④作。

【注释】

① 岕（jiè）：这里指浙江长兴罗岕。

② 甑（zèng）：蒸食物的炊器。底下有很多透蒸气的小孔，放置在鬲上蒸煮，就像现在用的蒸锅。

③ 决：副词，表示肯定的意思，义同"必须""肯定"。

④ 漫：任意，随意。唐·杜甫《闻官军收河南河北》："漫卷诗书喜欲狂。"

【译文】

罗岕这个地方出产的茶叶不用炒，是直接放在甑中蒸熟之后，然后放入焙中烘烤。原因是茶叶摘的时间有点儿晚了，茶叶稍微有点儿发老，即使炒也不能使它变软，还会使它干枯破碎。还有一种很细的炒制茶，是采摘其他山间的茶叶炒制而成的，用来欺骗那些喜欢奇异事物的人。岕中的人非常珍爱茶叶，他们非常不愿意在茶叶还嫩的时候采摘，认为那样会损害茶树的根本。我觉得其他茶山出产的茶叶，也可以稍微延迟时间再来采摘，等到它们长大，用类似于罗岕制茶的方法来蒸，好像也不是不可以。但是我没有尝试过，所以不敢随便瞎写。

宋代青白瓷斗笠盏

收藏

　　收藏宜用瓷瓮①,大容一二十斤,四围厚箬②,中则贮茶。须极燥极新,专供此事,久乃愈佳,不必岁易。茶须筑③实,仍用厚箬填紧,瓮口再加以箬,以真皮纸包之,以苎麻④紧扎,压以大新砖,勿令微风得入,可以接新⑤。

【注释】

①　瓮:一种陶制器皿,常用它来盛水或酒等。

②　箬(ruò):竹子的代称,这里指箬叶。

③　筑:阻塞,装入。

④　苎(zhù)麻:指多年生草本植物的根,这种植物主要生长在我国西南地区,因其单纤维长,作用力最大,吸取湿气和解散湿气都很快,因而在古代是一种重要的纺织纤维作物。也叫白叶苎麻。

⑤　接:附近,贴近。

【译文】

　　储藏茶叶的时候适合用瓷瓮，大的瓷瓮可以装下一二十斤的茶叶，四周围上厚厚的箬叶，中间贮藏茶叶。这种瓮必须是特别干燥的新瓷瓮，专门用来储藏茶叶，用的时间越久越好，不用每年替换。茶叶必须填塞得厚厚实实的，瓮口再加上一层箬叶，再用真皮纸包裹起来，拿苎麻绳紧紧勒住，再用大块的新砖压在上面，防止风吹入，这样储藏起来的茶叶能很好保留新茶的味道。

明代斗彩团花果纹茶杯

根据《景德镇陶录·卷五·明·崔公窑》中的记载：嘉、隆年间人，善制陶，多仿宣、成窑遗法制器，当时以为胜，号其器曰"崔公窑瓷"，四方争售。诸器中惟盏式较宣、成两窑差大，精好则一。余青彩花色悉同，为民陶之冠。

明代青花凤凰纹三系茶壶

崔国懋是明代嘉、隆、万年间的人，善制陶，他多擅长仿造宣窑和成窑的古法瓷器，在当时很受欢迎，被称为"崔公窑瓷"，全国的商贩争着售卖。他仿造的瓷器中，只有盏式瓷器与宣窑、成窑烧造的相差较大，一直精好。其余青釉、彩釉花色都相同，位列民陶之冠。

置顿①

茶恶②湿而喜燥，畏寒而喜温，忌蒸郁③而喜清凉。置顿之所，须在时时坐卧④之处，逼近人气，则常温不寒。必在板房，不宜土室。板房则燥，土室则蒸。又要透风，勿置幽隐⑤。幽隐之处，尤易蒸湿，兼恐有失点检⑥。其阁庋⑦之方，宜砖底数层，四围砖砌，形若火炉，愈大愈善，勿近土墙。顿瓮其上，随时取灶下火灰，候冷，簇⑧于瓮傍。半尺以外，仍随时取灰火簇之，令裹灰常燥，一以避风，一以避湿。却忌火气入瓮，则能黄茶。世人多用竹器贮茶，虽复多用箬护，然箬性峭劲⑨，不甚伏帖⑩，最难紧实，能无渗镈⑪？风湿易侵，多故无益也。且不堪地炉中顿，万万不可。人有以竹器盛茶，置被笼中，用火即黄，除火即润。忌之忌之！

【注释】

① 置顿：设置安排妥当的处所。顿，安置，设置。

② 恶（wù）：厌恶，仇恨。

③ 蒸郁：躁热气闷。

④ 坐卧：坐着和躺着，指日常起居，即一切日常生活状况。

⑤　幽隐：指遮蔽的地方。

⑥　点检：一个个地检查。

⑦　庋（guǐ）：安放器物的架子。

⑧　簇：紧密围绕。

⑨　峭劲：高耸直立，劲健有力，刚健。

⑩　伏帖：平伏且紧紧挨在上面。

⑪　镼（xià）：同"罅"，空隙，裂痕。

【译文】

　　茶叶不喜欢潮湿的环境，而喜欢干燥的环境，害怕寒冷，而喜欢温暖，忌讳熏蒸、闷热，而喜欢清凉的环境。放置茶叶的处所，必须是人日常起居的地方，因为接近人的气息，就可以保持恒定的温度，不会太过寒凉。放置的房间必须是木板房，泥土房不太适合储藏茶叶。木板房能保持茶叶的干燥，而泥土房会因为潮湿而被熏蒸。另外，放置的地方还需要有好的通风条件，不能放在有东西遮掩的角落之中。有东西遮蔽的地方会很湿热，再说时间久了，有可能也会忘记对茶进行检查。搭设器物架子的方法是：拿几层砖作为基底，并且用砖将四周堆砌起来，围成一个火炉的形状，所占地方越大越好，但不要靠近土墙。把陶瓮放置在上面，随时取炉灶下的火灰，等它变冷之后，就把火灰堆放在瓮的旁边。在瓮半尺之外的地方，仍然需要随时取用火灰堆积在那里，放置火灰的目的就是保持干燥。一方面可以用来避风；一方面可以用来祛湿。一定要把火的热气排除在瓮之外，否则茶叶容易变成黄色。现在很多人都用竹器来储藏茶叶，虽然使用多重箬叶进行了包裹保护，但是因为箬叶非常坚韧，不是十分依附顺帖，导致捆扎得不紧凑充实有一定的缝隙，这样会使寒气和湿气侵入，即便用再多的箬叶也是没用。况且，茶叶也经不起在地炉里放置太久，这是绝对不可以的。有的人用竹器来放茶叶，把它放在焙茶笼中，拿火烘烤就会使得茶叶变得又黄又枯萎，而如果撤出烘焙的火茶叶又会变得潮湿。这是一定要注意和戒除的。

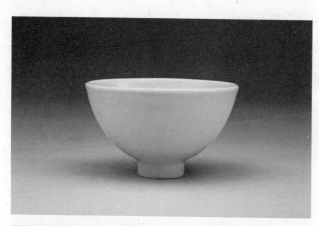

明代甜白暗花莲瓣纹莲子茶钟

根据《景德镇陶录·卷五·明·洪窑》中的记载：洪武二年，设厂于镇之珠山麓，制陶供上方，称官窑，以别民窑。除大龙缸窑外，有青窑、色窑、风火窑、匣窑等共二十座。至宣德中，将龙缸窑之半改作青窑厂，官窑遂增至五十八座，多散建厂外民间。迨正德始称御器厂。

明代青花莲瓣纹莲子茶钟

洪器用土骨质细腻，胎体薄，有青、黑两种釉色，其中以纯素为佳。洪器制作必须放置一年让坯胎干透，再重新用车碾薄后上釉，再放干后才入火烧制。有釉漏的瓷器，碾了再重新上釉，重新烧制。所以造出来的瓷器汁水莹如堆脂，不易茅蒇。这是与民窑不相同的地方。洪器有颜色的，以青、黑戗金壶盏最好。

取用

　　茶之所忌，上条备矣。然则阴雨之日，岂宜擅①开。如欲取用，必候天气晴明，融和②高朗，然后开缶③，庶④无风侵。先用热水濯⑤手，麻帨⑥拭燥。缶口内箬，别置燥处。另取小罂⑦贮所取茶，量日几何，以十日为限。去茶盈寸，则以寸箬补之，仍须碎剪。茶日渐少，箬日渐多，此其节⑧也。焙燥筑实，包扎如前。

【注释】

① 擅：副词，独断专行，自作主张。

② 融和：暖和；温暖。

③ 缶（fǒu）：古代的一种盛酒器具，口小肚大，茶人一般用它盛茶。

④ 庶：只希望，也许。

⑤ 濯（zhuó）：洗，清洗，洗刷。

⑥ 麻帨（shuì）：麻巾。帨，佩巾。

⑦ 罂（yīng）：一种瓦器，口小肚大。《说文》："罂，缶也。"

⑧ 节：重要，要害。

【译文】

　　制茶所忌讳的东西，上面一条已经叙述得很周全。但还是有一条，就是在阴天下雨的时候，不要随意开盖取用茶叶，务必等到天气放晴，温暖明亮的时候，再去打开缶盖取用茶叶，这样做是避免风湿之气的侵入。在取茶的时候，先用热水把手洗干净，然后用麻巾擦拭干净。把缶内的箬叶暂时放置在其他干燥的地方。另外拿一个小罂把取用的茶叶放在里面，估算好取出的茶量能用几天，最好以十天为一个期限。拿走茶叶满一寸，就用相应的箬叶来填补，箬叶还是需要剪得很碎。茶叶一天天变少，箬叶一天天变多，这是取茶的关键。剩下的茶叶要用微火烘烤保持干燥，装填紧实后，跟之前一样包住扎紧。

明代霁青茶钟 ▶

根据《景德镇陶录·卷五·明·宣窑》中的记载：宣德间厂窑所烧，土赤、埴壤质骨如朱砂。诸料悉精，青花最贵。色尚淡，彩尚深厚，以甜白棕眼为常，以鲜红为宝。器皆腻实，不易茅蔑。《唐氏肆考》云：宣厂造祭红红鱼靶杯，以西红宝石为末入釉，鱼形自骨内烧出，凸起宝光，汁水莹厚。有竹节把罩盖卤壶，小壶甚佳，宝烧霁翠尤妙。又白茶盏光莹如玉，内有细龙凤暗花，花底有暗款"大明宣德年制"，隐隐鸡、橘皮纹。又有冰裂鳝血纹者，几与官、汝窑敌。他如蟋蟀澄泥盆，最为精绝。按，宣器无物不佳，小巧尤妙，此明窑极盛时也，祭红有两种，一为鲜红，一为宝石红。唐氏所记乃宝石红，概以祭红言之，似误。宣青是苏泥勃青，故佳，成化时已绝，皆见闽温处叔《陶纪》，今宣窑瓷尚有存者。

明代青花年年丰登茶钟

宣窑器是明宣德年间御窑厂烧造的瓷器，用的土红而黏稠，胚胎釉色如朱砂。所用的各种材料都很精细，其中青花瓷最为珍贵。宣窑器素瓷釉色崇尚淡雅，彩瓷釉色崇尚深厚，其中常见的为甜白棕眼瓷，而其中又以鲜红釉色为宝。宣窑瓷器釉色都很腻实，不易被捆装的茅草弄坏。唐秉韵在《文房肆考》中记载：宣窑厂烧造祭红红鱼靶杯时，把西洋红宝石碾成末来放到釉剂里，这些釉剂从鱼形的骨内烧出来，就能凸起宝光，汁水莹厚。烧制的有竹质的手把罩盖的卤壶，其中小壶甚佳，以宝石末烧造霁翠釉色尤为美妙。烧造的还有白茶盏，光莹如玉，内有特别细腻的龙凤暗花，花底有暗款"大明宣德年制"，像隐隐鸡、橘皮的纹路。还有冰裂鳝血纹的瓷器，几乎可以跟官、汝窑匹敌了。其他像蟋蟀澄泥盆，最为精绝。按，宣窑瓷器无物不佳，小巧的尤为美妙，这是明窑极盛时期的代表。祭红有两种，一为鲜红，一为宝石红。唐氏所记乃宝石红一概以祭红来说，似乎是错误的。宣窑是苏泥勃青，所以品质好，在明成化时期已经绝产，这些都是在闽温处叔《陶纪》里面看见的，现在的宣窑瓷也还有存世。

包裹

茶性畏纸，纸于水中成，受水气多也。纸裹一夕①，随纸作②气尽矣。虽火中焙出，少顷即润。雁宕③诸山，首④坐此病。每以纸帖寄远，安得复⑤佳。

【注释】

① 夕：夜里，傍晚。

② 作：产生，出现。

③ 雁宕（dàng）：山名，又称雁荡。地处浙江温州市东北部，分南北二山，在乐清东北部的叫北雁荡山，在平阳西部的叫南雁荡山。而人们常说的雁荡山一般指北雁荡山，又名雁山。

④ 首：原义指首先，也可理解为最早。

⑤ 复：更改。

【译文】

　　茶叶天性害怕纸，因为纸是在水中生成的，水汽自然是很多的。茶叶被纸包裹一晚上，茶叶就会随着纸产生非常多的水汽。虽用火将茶叶中的水汽烘烤出来，但一会儿茶叶又会潮湿。雁宕等茶山，首先遇到这个问题。人们用纸包裹茶叶，寄送到很远的地方，怎么能保住茶叶的良好品质呢？

明代青花赤壁赋茶钟

《景德镇陶录·卷五·明·隆万窑》中记载道：穆宗神宗年间厂器也。土埴坟，质有厚薄，色兼青彩。制作益考，无物不有。汁水莹厚如堆脂，有粟起若鸡皮者，有发棕眼若橘纹者，亦可玩。唐氏《肆考》云：明瓷至隆、万时，回青已绝，不及嘉窑青花。麻仓土亦告竭，饶土渐恶，器质较前多逊。又以淫巧为务，其秘戏器一种，殊非雅品，镇陶作俑。自此，惟祭红器尚有佳者，然亦非鲜红、宝石红之祭红矣。

宋代油滴黑釉瓷茶盏

隆万窑器为明穆宗和明神宗年间御窑厂烧造的瓷器。隆万窑器用的土黏稠肥沃，胎质有厚有薄，青釉和五彩都有。隆万窑器制作很考究，什么瓷物都有。隆万窑器釉色汁水晶莹，厚如堆脂，有的粟起像鸡皮，有的发棕眼像橘纹，也可以玩赏。唐秉韵的《文房肆考》记载：明代瓷器到隆庆、万历时期，回青釉色已经绝迹，不如嘉窑的青花瓷。用的麻仓土资源也快枯竭，饶州土质渐渐恶化，烧造出来的瓷器质量比之前多为逊色。当时社会上又流行淫秽巧物，像秘戏器一类的，绝不是雅品，景德镇从此烧造陶俑。其中祭红瓷器还有好的，但也不是鲜红、宝石红的祭红瓷器了。

日用顿置

日用所需，贮小罂中，箬包苎扎，亦勿见风。宜即^①置之案头，勿顿巾箱^②、书簏^③，尤忌与食器同处。并香药则染香药，并海味则染海味，其它以类而推。不过一夕，黄矣变矣。

【注释】

① 即：靠近、挨着。

② 巾箱：古时候装头巾或手巾的小箱子，以后也用来贮存书卷等东西。

③ 簏：即竹箱，竹子编的盛放物品的器具。

【译文】

日常取用的茶，应储存到一种口小肚大的小罂里，用竹叶包裹苎麻扎紧，不能见风。放在接近案边的地方，不能放在巾箱或书箱里，要特别注意不要和餐具放在一起。如果和香药放在一起，就会沾染香药的味道，如果和海鲜产品放在一起，就会沾染海鲜的味道，其他以此类推、举一反三。只须一夜，茶叶就会变黄，味道也就不好了。

南宋吉州窑梅花斗笠盏

根据《景德镇陶录·卷五·明·嘉窑》中的记载：嘉靖中厂器。土墡埴，质腻薄。时鲜红土绝，烧法亦不如前，仅可造矾红色，惟回青盛作，幽菁可爱。故嘉器青花亦著，五彩略备，然体制较之宣、成器则远甚。郭《纪》云：世宗经篆醮坛用器，有小白瓯，名曰坛盏，正白如玉，绝佳。唐氏《肆考》亦载：嘉窑青尚浓，其厂器如坛盏、鱼扁盏、红铅小花盒子，足为世玩。

宋代吉州窑褐釉剪纸贴

嘉窑器是明嘉靖中期御窑厂生产的瓷器。用土黏稠细腻，胎质腻薄。现在的鲜红釉瓷器为当地的绝品，烧法也不如从前，仅仅可以烧造矾红色瓷，只有回青釉瓷器盛产，幽菁可爱。以前嘉窑器的青花瓷也很著名，五彩稍差，但胎体跟宣、成器比起来就差远了。《纪》载：明世宗诵经祷祀道场所用的嘉窑瓷器中，有小白瓯，名为坛盏，绝白如玉，非常好。唐秉韵的《文房肆考》也记载，嘉窑青瓷釉色浓，御窑厂烧造的像坛盏、鱼扁盏、红铅小花盒子等都足够为世人玩赏。

择水

　　精茗蕴香，借水而发，无水不可与论茶也。古人品水，以金山①中泠②为第一泉，第二③，或曰庐山④康王谷⑤第一。庐山余未之到，金山顶上井，亦恐非中泠古泉。陵谷⑥变迁，已当湮⑦没，不然，何其漓薄⑧不堪酌也？今时品水，必首惠泉⑨，甘鲜膏腴⑩，致⑪足贵也。往三渡黄河，始忧其浊，舟人以法澄⑫过，饮而甘之，尤宜煮茶，不下惠泉。黄河之水，来自天上⑬，浊者，土色也。澄之既净，香味自发。余尝言有名山则有佳茶，兹⑭又言有名山必有佳泉。相提而论，恐非臆⑮说。余所经行，吾两浙、两都⑯、齐鲁、楚粤、豫章⑰、滇黔，皆尝稍涉⑱其山川，味其水泉，发源长远而潭⑲泚⑳澄澈者，水必甘美。即江河溪涧之水，遇澄潭大泽㉑，味咸㉒甘洌。唯波涛湍急，瀑布飞泉，或舟楫多处，则苦浊不堪。盖云伤劳㉓，岂其恒性。凡春夏水长则减，秋冬水落则美。

【注释】

①　金山：在今江苏镇江西北。

② 中泠（líng）：中泠泉，与北泠、南泠合称"三泠"。中泠泉最初在金山下的长江中，由于河道改变，泉口后来变到岸边陆地上。唐代张又新《煎茶水记》记载：名士刘伯刍评论扬子江南泠泉是第一，茶神陆羽评论它为天下第七，唐宋以后人们大都称它为道中泠泉，从此以后中泠泉被誉为"天下第一泉"。

③ 第二：当为衍字。

④ 庐山：又名为匡山、匡庐。位于江西北部，九江以南，星子以西。据说周代有匡氏兄弟七人上山修道，在庐山住舍，所以取名庐山。

⑤ 康王谷：位于庐山最高峰汉阳峰西，是全山最长的峡谷，谷中水根据张又新《煎茶水记》中的记载陆羽在《煮茶记》中品评其为天下第一水，传今存陆羽诗句"泻从千仞石，寄逐九江船"就是为该泉题名。

⑥ 陵谷：丘陵与山谷的合称。

⑦ 湮（yān）：不能显现，淹没。

⑧ 漓薄（lí báo）：酒不浓。

⑨ 惠泉：惠山寺石泉水，在今江苏无锡西五里处惠山第一峰白石坞惠山寺南庑，源出若冰洞。张又新在《煎茶水记》中记载陆羽定天下水品二十种，其中以惠山石泉水为第二，所以又名"陆子泉"，又可以叫"二泉"。

⑩ 膏腴：食物丰腴肥美。

⑪ 致：尽，顶点的意思。

⑫ 澄（dèng）：使水中东西沉淀，使清爽，使清洁。

⑬ 黄河之水，来自天上：源自唐人李白的诗《将进酒》："黄河之水天上来，奔流到海不复回。"

⑭ 兹：这边。

⑮ 臆：主观地推断、猜想。

⑯ 两都：指南京和北京，是明代的南北两都，明代从永乐时期开始实行两都制。

⑰ 豫章：古代郡名，广义上讲豫章郡就是今江西省，狭义上讲豫章郡指今南昌地区一带。

⑱ 涉：蹚水过河。

⑲ 潭：深，深邃，指从上到下的距离大。

⑳ 沘（cǐ）：清澈。原义是"沚"，意思是水中小块陆地。

㉑ 大泽：大湖沼，比较大的水草茂密的沼泽湖泊地带。泽，水聚拢的地方。

㉒ 咸：全，都。

㉓ 劳：操心，劳作。

【译文】

　　好茶所蕴涵的香味，只有通过水才能让它散发出来，没有水，就不要谈论茶。古人品评煮茶用的水，把金山的泠泉作为第一泉，也有将庐山康王谷水列为第一。庐山我没有去过，金山顶上的井泉，也恐怕不是中泠古泉了。丘陵山谷经过时间的演变，古泉可能已经被埋没了，如果不是这个原因，那泉水为什么这么浅淡，还经不起饮酌呢？如今可以列入品鉴之列的水源，惠泉肯定是第一，因为它的泉水新鲜润泽，甘甜肥美，极其宝贵且有价值，值得珍藏。我过去曾经多次渡过黄河，曾担心它水质浑浊，但船家用了一些方法将水中的杂质沉淀下来，喝起来味道也很甘甜醇美，尤其适宜煮茶，不比惠泉的差。黄河之水天上来，因为土的缘故才浑浊。但是一旦把黄河水沉淀下来，河水就很清澈，香味自然地生发出来。我曾经说有名山的地方就会有好茶，此处又说有名山就会有好的泉水。两者结合起来说，恐怕不是我的主观说法吧。我去过的地方，如两浙、两都、齐鲁、楚粤、豫章、滇黔，到过那里的山川，品味过那里的泉水，从很远的地方起源，而水潭是清亮明洁的，里面的水滋味非常甘甜醇美。就算是江河、小溪、山涧的水，流进清澈深潭中，它的味道也会变得非常甘甜清冽。只有那些波涛滚滚，飞瀑林泉或是船只很多的地方，水才会变得苦涩浑浊，不能喝。原因是这些水被过分扰动受到了破坏，想来不是它应有的性质。凡是到了春夏之际，水流呈涨势，水味就会减损；秋冬水落的时候，水味就会味道香甜，气味芬芳。

宋代吉州窑黑釉木叶纹茶盏

根据《景德镇陶录·卷五·明·周窑》中的记载：隆、万中人，名丹泉，本吴门籍，来昌南造器，为当时名手，尤精仿古器。每一名品出，四方竞重购之。周亦居奇自喜，恒携至苏、松、常、镇间，售于博古家，虽善鉴别者，亦为所惑。有手仿定鼎及定器文王鼎炉与兽面戟耳彝，皆逼真无双，千金争市，迄今犹传述云。周丹泉是隆庆、万历年间的人，原本是苏州籍，后来景德镇烧造陶器，是当时的名手，特别精于仿古器。每出一个名品，四方都争着用重金购买。周丹泉自己也居奇自喜，常常携带所仿造的瓷器到苏州、淞沪、常州、镇江等地，卖给古玩收藏家，虽然有的收藏家擅长鉴别，但也被他高超的仿造手艺骗过了。他亲手仿造的定鼎、定器文王鼎炉和兽面戟耳彝，都逼真无双，人们都用千金来争着买，现在这些逸闻还在流传。

贮水

甘泉旋^①汲，用之斯^②良，丙舍^③在城，夫岂易得。理^④宜多汲，贮大瓮中。但忌新器，为其火气未退，易于败^⑤水，亦易生虫。久用则善，最嫌^⑥他用。水性忌木，松杉为甚。木桶贮水，其害滋^⑦甚，挈^⑧瓶为佳耳。贮水瓮口，厚箬泥固，用时旋开。泉水不易，以梅雨水代之。

【注释】

① 旋：立刻，很快。

② 斯：趁着，乃。

③ 丙舍：这里指饮茶的地方，就是茶室。原指后汉宫中正室两边的房屋，按甲、乙、丙排序，其第三等舍叫丙舍。后人们通常指正室旁的别室，或简单粗陋的房间。

④ 理：哲理，道理。这里解释为"按道理"。

⑤ 败：使破坏，损害。

⑥ 嫌：忌讳。

⑦ 滋：特别，尤其。《史记·魏其武安侯列传》："武安

侯由此滋骄。"

⑧ 挈（qiè）：拿，随身带着。

【译文】

取得甘甜的泉水后，就要立刻用它煮茶，才是最好的。但是饮茶的地方在城里，泉水是不容易得到的。所以按照常理，每次饮茶的时候应该多取一些，储藏到大瓮里。但是储水的器具不要用全新的，因为它的火气还没有祛除，容易破坏水质，也容易滋生虫子。长期用来装水的器皿才是最好的，切记不要拿它做别的用途。水性与木性是不太相容的，意思是水最好不要盛在木质器具里，尤其忌讳松木和杉木。用木桶来盛水，会对水有很大的损害，最好是拿瓶子盛水。盛水的瓮口要盖上厚厚的箬竹叶，用泥封好，取水时要迅速。假如泉水不容易得到，梅雨水也可。

明代捧茶壶的侍女

周高起还是个幽默的人。他曾作《供春大彬诸名壶价高不易办，予但别其真，而旁搜残缺于好事家用自怡悦，诗以解嘲》："阳羡名壶集，周郎不弃瑕。尚陶延古意，排闷仰真茶。燕市曾酬骏，齐师亦载车。也知无用用，携对欲残花。"

舀水

舀水必用瓷瓯①，轻轻出瓮，缓倾铫②中。勿令淋漓瓮内，致败水味，切须记之。

【注释】

① 瓯（ōu）：小碗、杯子一类的喝水器具。南唐·李煜《渔父》词："花满渚，酒满瓯。"

② 铫（diào）：一种带把有嘴的方便易携带的小锅。苏轼《试院煎茶》诗："且学公家作茗饮，砖炉石铫行相随。"

【译文】

舀水必须用瓷碗，用瓷碗轻轻地将水从瓮中舀出来，再慢慢地把水倒入铫中。舀水时注意不要有水滴滴回翁里，那样水的味道就会受到破坏，切记。

煮水器

　　金乃水母[①]，锡备柔刚[②]，味不咸涩，作铫最良。铫中必穿其心，令透火气。沸速则鲜嫩风逸[③]，沸迟则老熟昏钝[④]，兼有汤气[⑤]，慎之慎之。茶滋[⑥]于水，水借[⑦]乎器，汤[⑧]成于火，四者相须[⑨]，缺一则废。

【注释】

① 金乃水母：金生水。根据五行相生理论，木、火、土、金、水之间存在着依次相生、助长的关系，即木生火，火生土，土生金，金生水，水生木。

② 柔刚：柔软、温和与坚强，兼具一阴一阳两种属性。

③ 风逸：潇洒，豪放。

④ 昏钝：平和，不激烈。钝：原指不灵活，此处指不流畅，不滑润。

⑤ 汤气：时间长的老汤气，即馊味。

⑥ 滋：发生，滋养。

⑦ 借：凭靠，依仗。

⑧ 汤：烧热的水，沸腾的水。《论语·季氏》："见善如不及，见不善如探汤。"

⑨ 相须：依赖，互相依存。也作"相需"。

【译文】

　　金生水，锡兼备柔性和刚性两种特质，煮出的水的味道不会又咸又涩，最适合用来制作煮水的水铫。水铫的底部挑起一锥形管，这样火的热气才能从铫中穿过。只要水沸腾得快，煮出的水才会新鲜滑嫩，还可以看见随风飘散的水汽，如果沸腾得慢了，那么煮出的水就会变得颜色昏暗，积聚停滞，没有活力，同时还有酸馊味，这种事情一定要注意。茶靠水的滋养，水借力于煮水的器皿，烧开水决定于火力。四者相得益彰，缺少哪一样，都煮不成茶。

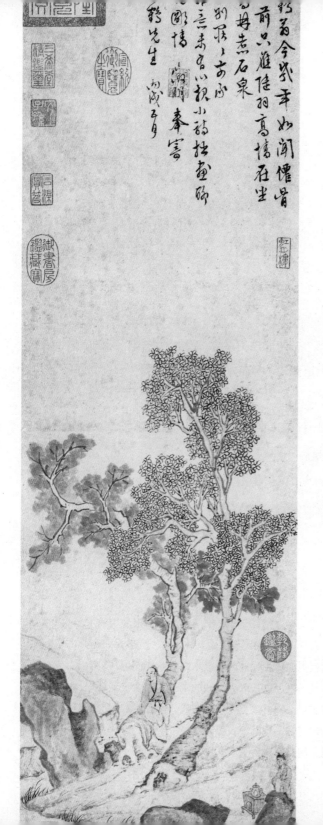

《乔林煮茗图》

（明）文徵明　收藏于
中国台北故宫博物院

火候

火必以坚木炭为上。然木性未尽，尚有余烟，烟气入汤，汤必无用。故先烧令红，去其烟焰^①，兼取性力猛炽^②，水乃易沸。既红之后，乃授水器，仍急扇之，愈速愈妙，毋令停手。停过之汤，宁弃而再烹。

【注释】

① 烟焰：烟和火焰。出自唐·张谓《长沙失火后戏题莲花寺》："楼殿纵随烟焰去，火中何处出莲花？"

② 炽（chì）：火旺盛。

【译文】

烧火最好选择坚固结实的木炭。如果使用的木炭的木性没有去尽，燃烧时就会有余烟，烟气一旦进入到烧的热水里，热水就不能再用了。因此煮水之前要提前把木炭烧红，去掉其烟气，再加上选取火力旺的木炭，水就很容易烧开。等到将木炭烧红，再放上煮水的器皿，然后用扇子快速扇风，速度越快越好，中间不要停歇。如果中间有停歇，即使水烧开了也要倒掉，然后重新开始烧水。

备茶图（局部） 宣化辽墓壁画

烹点

未曾汲水，先备茶具。必洁必燥，开口以待。盖或仰放，或置瓷盂，勿竟①覆之。案上漆气、食气，皆能败茶。先握茶手中，俟②汤既入壶，随手投茶汤，以盖覆③定。三呼吸时，次④满倾盂内，重投壶内，用以动荡香韵，兼色不沉滞⑤。更⑥三呼吸顷，以定其浮薄⑦。然后泻以供客，则乳嫩清滑，馥郁⑧鼻端。病可令起，疲可令爽，吟坛⑨发其逸思，谈席⑩涤其玄襟⑪。

【注释】

① 竟：径直，直接。

② 俟（sì）：等到，等待。

③ 覆：遮蔽，覆盖。

④ 次：然后，接着，继续。

⑤ 沉滞：深沉停滞。

⑥ 更：表示动作行为重复或相继发生，相当于"又""再"。

⑦ 浮薄：漂浮轻薄。

⑧ 馥郁：形容香气浓厚。元人陈樵《雨香亭》诗："氤氲入几席，馥郁侵衣裳。"

⑨ 吟坛：指诗人聚会之处，也指诗坛。

⑩ 谈席：指谈论经史、讨论技艺的场所。

⑪ 玄襟：深奥的情怀。襟，上衣的前幅。

【译文】

在取水之前要先将茶具准备好。茶具务必清洁干燥，然后打开盖子备用。盖子可以仰放，也可以放在瓷盂上，但不能把盖子扣放在桌子上。因为扣放会使桌子上的油漆味和食物味窜入到盖子中，这会破坏茶的味道。先把茶叶握在手里，接着把热水倒入壶中，然后立即放入茶叶，盖上盖子严密封实。等到三次呼吸的时间过后，接着把茶水倒入瓷盂中，再把瓷盂中的茶水倒进壶内，这样可以使茶的香气和韵味都散发出来，同时，还不会让茶汤颜色深沉停滞。再等三次呼吸的时间，漂浮在茶汤上的茶叶就会沉下去。这个时候茶水就可以倒出给客人喝了，这种方法煮出的茶水特别乳嫩清滑，香气沁满鼻端。生病的人喝这种茶可以康复，疲惫的人喝这种茶可以神志清爽，心情舒畅，同时，还可以激发诗人超凡脱俗的灵感，荡涤谈经论艺者高深的情怀。

备茶图（局部） 宣化辽墓壁画

张岱在《陶庵梦忆》中说："泉实玉带，茶实兰雪，汤以旋煮，
无煮汤，器皿时涤，无秽器，其火候，有天合之者。"

秤量

茶注①宜小，不宜甚大。小则香气氤氲②，大则易散漫。大约及半升，是为适可。独自斟酌③，愈小愈佳。容水半升者，量茶五分④，其余以是增减。

【注释】

① 茶注：茶壶。注，注子，古代酒壶，金属或瓷制成，可坐入注碗中。始于晚唐，盛行于宋元时期。

② 氤氲：形容烟或云气浓郁。

③ 斟酌：斟，倒茶水。酌，小口地饮，此处指小口品茶。

④ 分：重量单位，一两的百分之一。

【译文】

茶壶以小为好，不宜太大。小壶泡茶，茶香则会很盛，大壶泡茶，香气容易散发。多大的壶算小呢？壶的容量以盛半升水比较合适。如果是自己一个人喝茶，那茶壶越小越好。容量为半升水的茶壶，要称量五分的茶，至于其余容量的茶壶称量茶叶，以这个标准增加或减少。

汤候^①

水一入铫，便须急煮。候有松声^②，即去盖，以消息其老嫩。蟹眼^③之后，水有微涛^④，是为当时。大涛鼎沸，旋^⑤至无声，是为过时，过则汤老^⑥而香散，决不堪用。

【注释】

① 汤候：观察煮水程度。

② 松声：松涛声，此指煮水过程中发出的声音。

③ 蟹眼：螃蟹的眼睛。比喻水初沸时泛起的小气泡。

④ 涛：波涛起伏，此为夸张，指水沸腾。

⑤ 旋：逐渐，不久，很快地。

⑥ 老：指水煮的时间过长，过头而衰。

【译文】

只要水一倒入铫中，就需要用大火快煮。等到铫中发出像松涛一样声音的时候，立刻掀开盖子，观察煮水的老嫩程度。当水中出现像蟹眼一样的小气泡，水刚刚沸腾时正合适。如果铫中的水翻滚如波涛，到逐渐听不到声音，这就是水煮过头了，这种水就不新鲜了，香气已散，坚决不能用。

宋代吉州窑玳瑁釉

根据《景德镇陶录·卷五·明·壶公窑》中的记载：神庙时烧造者，号壶隐道人。其色料精美，诸器皆佳。有流霞盏、卵幕杯两种最著。盏色明如朱砂，杯极莹白可爱，一枚才重半铢，四方不惜重价求之。亦雅制壶类，色淡青，如官、哥器，无冰纹。其紫金壶带朱色，皆仿宜兴时、陈样，壶底款为"壶隐老人"四字。相传为昊十九，而籍不可知矣。李日华赠诗云："为觅丹砂斗市廛，松声云影自壶天，凭君点出流霞盏，去泛兰亭九曲泉。"

瓯注①

茶瓯，古取建窑②兔毛花③者，亦斗碾茶④用之宜耳。其在今日，纯白为佳，兼贵于小。定窑⑤最贵，不易得矣。宣、成、嘉靖⑥，俱有名窑，近日仿造，间亦可用。次用真正回青⑦，必拣圆整，勿用啙窳⑧。

茶注，以不受他气者为良，故首银次锡⑨。上品真锡，力⑩大不减，慎勿杂以黑铅⑪，虽可清水，却能夺味。其次内外有油⑫瓷壶亦可，必如柴、汝、宣、成⑬之类，然后为佳。然滚水骤浇，旧瓷易裂，可惜也。近日饶州⑭所造，极不堪用。往时龚春茶壶⑮，近日时彬⑯所制，大为时人宝惜。盖皆以粗砂制之，正取砂无土气耳。随手造作，颇极精工，顾⑰烧时必须火力极足，方可出窑。然火候少过，壶又多碎坏者，以是益加贵重。火力不到者，如以生砂注水，土气满鼻，不中用也。较之锡器，尚减三分。砂性微渗，又不用油，香不窜发，易冷易馊，仅堪供玩耳。其余细砂，及造自他匠手者，质恶制劣，尤有土气，绝能败味，勿用勿用。

【注释】

① 瓯：一种喝茶或水的器皿，即茶杯。注：茶注，即茶壶。本小节主要介绍明代各种不同窑口的茶具，以及许次纾对茶具的认识。

② 建窑：位于今福建建阳水吉镇，在宋代其烧制的黑釉瓷器要上贡于朝庭。

③ 兔毛花：指建制窑烧制的"兔毫盏"，因颜色呈黑色或深紫色，釉的下方有喷射状的细小纹理，外观像兔毛，所以叫"兔毫盏"。在论茶比赛成风的宋代，兔毫盏，深受文人学士甚至是皇帝的爱戴。

④ 斗碾茶：指宋代斗茶。宋人斗茶用末茶冲点，以通过比赛茶的汤花浮起的程度来决定输赢，称斗色斗浮；也有斗味斗香的斗茶。碾茶，就是研成末的茶。

⑤ 定窑：宋代五大名窑的一种，以生产白瓷闻名。因位于定州（今河北曲阳涧磁燕山村）界内，故名。定窑原为民窑，北宋中后期，由于瓷质精良，色泽清淡高雅，纹理秀美，以后开始专门烧造宫廷用瓷。

⑥ 宣、成、嘉靖：明代皇帝年号，分别是宣宗宣德（1426—1435）、宪宗成化（1465—1487）、世宗嘉靖（1522—1566）。这一时期也是瓷器制造业高度发展时期。

⑦ 回青：一种蓝色颜料，又称回回青，因明朝时自西域进口，所以叫回青。回青通常跟石子青混合使用，混合后的颜色比霁蓝还要浅，一般在嘉靖和万历年间才使用这样的瓷器。其实正德年间就已经开始使用了，嘉靖年间成为

当时青花的标志。

⑧ 疵窳（zǐ yǔ）：指器物品质差。疵，差，劣。窳，指懒惰。

⑨ 首银次锡：本文是指银壶最好，锡壶第二好。因为银制器皿具有杀菌、消毒的功能和效果，拿银壶煮水能够将水质软化，让茶更香醇。但锡制茶器具有良好的密闭性和透气性，无味，可防潮，能长久保持茶叶鲜美芳香，为储茶、泡茶之佳器。

⑩ 力：功效，功劳之意。

⑪ 黑铅：铅的一种，或称为青铅。

⑫ 油（yòu）：通"釉"。

⑬ 柴、汝、宣、成：柴窑、汝窑、宣窑、成窑。柴，柴窑，是中国古代五大瓷窑之首，创建于五代后周显德初年河南郑州（一说开封），本是后周世宗柴荣的御窑，从北宋开始称为柴窑。汝，汝窑，中国古代著名瓷窑，北宋元祐初年继定窑之后专烧官廷用瓷，因其窑址在汝州境内（今河南临汝、宝丰一带），故名。汝窑开窑烧造时间短暂，传世亦不多，珍贵非常。宣，宣窑，明宣德年间设于景德镇官窑的省称。成，明成化窑，以小件和五彩的最为名贵。

⑭ 饶州：地处江西东北部景德镇，原为饶州府浮梁县下辖一镇。

⑮ 龚春茶壶：也称为"供春壶"，由紫砂名家供春（一名龚春）所制。供春，明正德、嘉靖年间人，生卒年不详。

　　原为宜兴进士吴颐山的家僮，在伴随吴颐山读书闲暇之
　　余，学习寺中老僧及当地人制陶法，仿自然形态制成紫
　　砂壶，人称供春壶。

⑯　时彬：时大彬（1573—1648），明万历至清顺治年间人，
　　是著名的紫砂大家时朋的儿子。他确立了至今仍为紫
　　砂业沿袭的用泥片和镶接那种凭空成型的高难度技术体
　　系，在紫砂陶各方面极有研究，早期作品多模仿供春大
　　壶。

⑰　顾：句首发语词，无意义。

【译文】

　　茶瓯，古人习惯取用黑色或深紫色的建窑兔毛花茶盏，
用来斗碾茶最适合不过。到了现在，茶瓯都是用纯白色的小
茶瓯。定窑烧制的茶瓯最珍贵，很不容易得到。宣德、成化、
嘉靖年间都有名窑，近些年来也有仿制的，有时候也可以拿
来用。其次，要用真正回青烧制的茶瓯，一定要挑那些圆形
的，完整的，而坚决不用那些质量粗劣的茶具。

　　茶壶一定要用那些没有受到其他气味污染的，所以银质
茶壶是上佳之选，其次是锡制茶壶。上品真锡茶壶，功效不

错，壶中茶水的气味不容易减弱，但要谨慎黑铅混杂进去，虽然放入黑铅能够使水洁净清亮，但是也会夺去水原有的气味。其次，茶壶也可以选择那些内外涂过釉的瓷壶，但一定要是像柴窑、汝窑、宣窑、成窑等瓷窑烧制出来的，这类瓷窑所烧制的瓷壶是非常不错的。另外，不要把滚烫的开水突然倒入瓷壶，如果是旧瓷壶就很容易炸裂，那样就可惜了。比如最近饶州烧制的瓷壶，就不耐用。以前的龚春茶壶，近年来时大彬烧制的茶壶，当时的人们都视为珍宝。他们所制作的茶壶都是用粗砂制作，这是利用粗砂没有土气的特性。随手制作，非常精巧的工艺，烧制时必须要有极其充足的火力，才可以出窑。如果火候稍微过了头，很多茶壶就会碎裂烧毁，所以砂壶特别贵重。烧制的时候，如果火力不够，那样烧制的茶壶就像用水注进生砂一样，闻起来一鼻子土气，是不能用的。与锡制茶壶相比，泡茶效果还要减去三分。砂微微渗水，又没有上釉，茶叶的香气就不能窜出散发，茶水就容易变冷变坏，所以这类砂茶壶是不能用来盛茶叶的，只能把玩把玩算了。其他的细砂茶壶，以及出自其他工匠之手制造的茶壶，不但质量不精，做工劣质，还有土气，肯定会破坏茶的味道，一定不要用。

荡涤^①

汤铫瓯注，最宜燥洁。每日晨兴，必以沸汤荡涤，用极熟黄麻^②巾帨向内拭干，以竹编架，覆^③而庋之燥处，烹时随意取用。修事^④既毕，汤铫拭去余沥^⑤，仍覆原处。每注茶甫^⑥尽，随以竹筯尽去残叶，以需次用。瓯中残渖^⑦，必倾去之，以俟再斟。如或存之，夺香败味。人必一杯，毋劳传递，再巡之后，清水涤之为佳。

【注释】

① 荡涤：洗刷，清理。

② 黄麻：一种能散发光亮的植物纤维，长长的又柔又软，能编织细丝。

③ 覆：翻腾。

④ 修事：实现，做某件事情。又特指治馔之事。

⑤ 余沥：特指喝茶剩下的茶滴，余下的茶。

⑥ 甫：刚才，刚。

⑦ 渖（shěn）：汁的意思，本文指茶汁。《新唐书·崔仁师传》："食饮汤渖。"

【译文】

　　茶铫和茶壶，以干燥没有水汽，洁净没有混杂之物最为适宜。每天早晨起来，一定要用开水洗涤，用熟透的软的黄麻巾把茶铫和茶壶的内部擦拭干净，用竹子编一个支架，将茶具扣放在竹架上放置干燥处，煮茶时可以随时取用。茶事活动结束后，把茶铫里留余的汁液擦干净，然后把茶铫扣放回原处。每次用茶壶倒完茶，要随即用竹筷撇去残留的茶叶，把茶壶控干净，以备下次使用。茶瓯中的残汁也要全部倒出去，等待下次斟茶再用。如果总是有汁液留存的话，一定会损坏茶的香气。喝茶时，每个人要用自己的茶杯，不要传过来传过去地喝，喝过两遍之后，最好用清水洗一次。

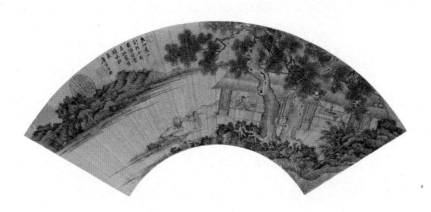

《烹茶图》　（明）唐寅

　　冯可宾在《岕茶笺》中谈到了品茶十三宜，一曰无事，即赋闲之意；二曰佳客，说的是文人会友；三曰幽坐，此乃参禅入定之举；四曰吟咏，以茶发诗兴，以诗助茶兴，幽雅自乐；五曰挥翰，沉浸在水墨字画之间；六曰倘佯，乐得安闲自在；七曰睡起，八曰宿醒，美美一觉睡到自然醒，实在是羡煞我们这些现代人；九曰清供，即以仙花、瑞草、嘉果、奇石、文玩、美器供天地日月；十曰精舍，追求修心养性之所；十一会心，参悟世俗所不能之境界；十二赏鉴，十三文僮，借指伶俐清秀捧瓯奉客之"茶童"。

饮啜

一壶之茶，只堪①再巡。初巡鲜美，再则甘醇，三则意欲尽矣。余尝与冯开之②戏论茶候，以初巡为婷婷袅袅十三余③，再巡为碧玉破瓜④年，三巡以来，绿叶成阴⑤矣。开之大以为然。所以茶注欲小，小则再巡已终，宁使余芬剩馥，尚留叶中，犹堪饭后供啜漱之用，未遂⑥弃之可也。若巨器屡巡，满中泻饮⑦，待停少温，或求浓苦，何异农匠作劳。但需涓滴，何论品尝，何知风味乎。

【注释】

① 堪：吃得住，受得住。而下文中的"堪"是"能"的意思。

② 冯开之：即冯梦桢（1548—1605），字开之，秀水（今浙江嘉兴）人。明代学者、藏书家，曾刻有《大唐新语》《陶靖节集注》《先秦诸子合编》等书。因藏有《快雪时晴帖》而名其堂为"快雪堂"。著有《历代贡举志》《快雪堂集》和《快雪堂漫录》。

③ 婷婷袅袅十三余：此句出自唐人杜牧的《赠别·其一》，诗曰："婷婷袅袅十三余，豆蔻梢头二月初。春风十里扬州路，卷上珠帘总不如。"主要说少女的美妙。

148

④ 破瓜：指女孩十六岁时。清人袁枚《随园诗话》卷十三记载："《古乐府》：'碧玉破瓜时'，或解以为月事初来，如破瓜则见红潮者，非也。盖将瓜纵横破之，成二'八'字，作十六岁解也。"

⑤ 绿叶成阴：形容生了一堆孩子的女子，这里指女子结婚后生儿育女。宋人计有功《唐诗纪事·杜牧》曰："自是寻春去较迟，不须惆怅怨芳时。狂风落尽深红色，绿叶成阴子满枝。"

⑥ 遂：整体。

⑦ 泻饮：泻，倾塌，本文指大口大口地饮茶。

【译文】

一壶茶，仅可以泡两次，第一次泡的时候味道鲜美，第二次泡的时候味美甘醇，但第三次泡味道就淡了。我曾经和冯开之开玩笑，谈论泡茶不同次数的状态，第一泡就像十三岁婷婷玉立的少女；第二泡就像十六岁初为人妇的小家碧玉；第三泡就像绿树成荫，已经生了一堆孩子的半老妇人了。开之说我这个比喻非常好。所以茶壶要小，小的话喝第二泡虽已经结束，但壶中留下的茶叶仍芬芳馥郁，这样等到饭后还可供人啜饮漱口，不用全部丢弃。如果用大茶壶泡茶斟饮多次，杯子满了就大口喝茶，等到停下来茶就会变凉，或者只追求浓苦的味道，这和农夫工匠劳作累了为解渴而喝茶有什么区别呢？那只是需要几滴水而已，怎么算是品茶呢，又如何懂得茶的风味呢？

《松亭试泉图》

（明）仇英　收藏于中国
台北故宫博物院

晚明吴从先的《小窗自纪》就
有完整的品茗描述："弄风研
露，轻舟飞阁。山雨来，溪云升。
美人分香，高士访竹。鸟幽啼，
花冷笑。钓徒带烟水相邀，老
衲问偈，奚奴弄柔翰，床头瓮，
云边鹤。试茗，扫落叶趺坐，
散步，展古迹，调鹦鹉。乘其
兴之所适，无致精神太枯。"

论客

　　宾朋杂沓^①，止堪交错觥筹^②；乍会泛交^③，仅须常品酬酢^④。惟素心同调，彼此畅适，清言雄辩，脱略形骸，始可呼童篝火，酌水点汤。量客多少，为役之烦简。三人以下，止爇^⑤一炉，如五六人，便当两鼎炉^⑥，用一童，汤方调适。若还兼作，恐有参差。客若众多，姑且罢火，不妨中茶投果，出自内局。

【注释】

① 杂沓：纷杂繁多的样子。

② 交错觥筹：酒器和酒筹交互错杂，形容许多人聚在一起饮酒的热闹场景。觥，古代一种饮酒器皿。筹，酒筹，用以计算饮酒的数量。

③ 乍会泛交：交情一般的朋友。乍会，初次见面。

④ 酬酢（chóu zuò）：主人和客人彼此敬酒，主人敬客人酒叫酬；客人回敬主人叫酢。

⑤ 爇（ruò）：烧，焚烧。

⑥ 鼎炉：古代制药炼丹及烹饪时用的一种三足火炉。

【译文】

来了很多宾客朋友，大家在一起群聚宴饮；第一次见面，只是打个照脸的一般朋友，用普通的茶来应酬就可以了。只有本心相通，彼此待在一起舒适自在，或有高雅言论和激昂辩论，不受礼节约束的人，才可以让童子生火，舀水煮茶。先计算好客人的数量，以确定工作量的多少。三个人以下，只需要一个炉子；如果是五六个人，就应该用两个鼎炉，还须专门安排一个童子来煮茶，这样才能煮出好的茶来。不要让童子再去做其他的事情，那样恐怕会出现差错。如果客人很多，可暂时把火熄掉，停止饮茶，放下果品，到室外去。

《名贤雅集图》

（明）沈周　收藏于中国台北故宫博物院

茶所

　　小斋之外，别置茶寮①。高燥明爽，勿令闭塞。壁边列置两炉，炉以小雪洞②覆之。止开一面，用省③灰尘腾散。寮前置一几④，以顿茶注、茶盂，为临时供具。别置一几，以顿他器。旁列一架，巾帨悬之，见用之时，即置房中。斟酌之后，旋加以盖，毋受尘污，使损水力。炭宜远置，勿令近炉，尤宜多办宿干易炽。炉少⑤去壁，灰宜频扫。总之，以慎火防热，此为最急。

【注释】

① 茶寮（liáo）：品茶的小房间。寮，小屋、小室。

② 小雪洞：小罩盖，用来盖东西。

③ 省：废去，去掉。

④ 几：小桌子。

⑤ 少：同"稍"，稍微，略微。

【译文】

在书房以外，另外布置一间茶室，专门用来品茶。茶室要建在地势高的地方，而且茶室要干燥明亮，不能是封闭的，要保持空气的流通。在茶室的墙壁边上放两只小茶炉，茶炉用小雪洞盖住。只让茶炉的一面敞开，这样灰尘升腾飞散的麻烦就不会有了。在茶室中靠前的地方放置一张小桌子，用来放茶注和茶盂这些临时用具。再另外放置一张小桌子，用来放置其他器皿。小桌旁放一个架子，将麻布手巾挂在架子上，用的时候就放到茶室的中间。在舀取水之后，需要立即盖上贮水瓮，防止水受到尘埃的污染，不然水的效用就会受到减损。煮茶时用的炭要放得远一些，不要让它靠近茶炉，要多置办一些干燥容易燃烧的炭。茶炉要稍微远离墙壁，灰尘时时清扫。总之，对于火候的掌握要格外当心，以防止温度太高，这是最重要的。

《停琴品茗图》▶

（明）陈洪绶

明朝时的士大夫阶层喜欢在水声和林影之间徜徉，一边饮茶一边感受自然之美，放松身心，寻找幽静之地，沉醉于古代风物之中。在《停琴品茗图》中，画家运用独特的个人风格处理人物和山石，展现出别具一格的效果。高士的衣纹变化有力，巧妙地表现了拙中有巧之美，山石的形态变幻莫测，高雅而朴实。陈洪绶通过富有感染力的技法，将人物和茶香环境抽离尘世超凡的境界，生动地呈现在构图中，完美地展现了高尚的人文氛围。

洗茶

岕茶摘自山麓，山多浮沙，随雨辄^①下，即着^②于叶中。烹时不洗去沙土，最能败^③茶。必先盥^④手令洁，次^⑤用半沸水，扇扬稍和^⑥，洗之。水不沸，则水气不尽，反能败茶。毋得过劳以损其力。沙土既去，急于手中挤令极干，另以深口瓷合贮之，抖散待用。洗必躬亲，非可摄^⑦代。凡汤之冷热，茶之燥湿，缓急之节，顿置之宜，以意消息，他人未必解事。

【注释】

① 辄（zhé）：就，即。

② 着（zhuó）：附着。

③ 败：毁坏，败坏。

④ 盥（guàn）：洗手，以手承水冲洗。

⑤ 次：然后，接下来。按顺序叙事，居于前项之后的称为次。

⑥ 和：适中，恰到好处。

⑦ 摄（shè）：代理，兼理。

【译文】

　　荠茶是从山脚的地方采摘得来的，山上有很多浮沙，随着雨水冲刷，浮沙就附着在茶叶上。如果煮茶时，不把沙土洗去，就会损害茶叶的味道。所以一定要先洗干净双手，用扇子把快要沸腾的水扇凉到一定程度，来清洗茶叶。如果水不沸腾，那么水汽就不能除尽，反而会毁败茶叶。但水也不要烧太开，以免损害其效用。把沙土洗去之后，迅速把茶叶放在手中挤压，使它变干燥，然后放入深口的瓷盒贮存起来，茶叶要抖散以待取用。清洗茶叶一定要亲自做，不要找人代洗。但凡水温高低，茶叶干湿，节奏快慢，器物摆放位置的合理与否，都是需要凭借自己的感觉来推测判断的，别人未必能知道理解这些事理。

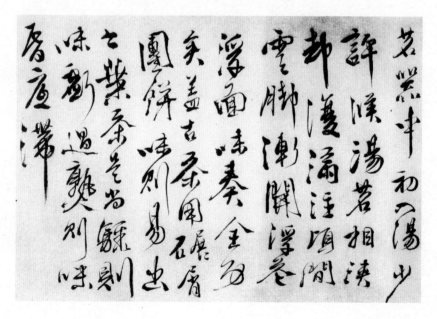

《煎茶七类》　（明）徐渭

童子

　　煎茶烧香，总是清事①，不妨躬②自执劳。然对客谈谐，岂能亲莅③，宜教两童司④之。器必晨涤，手令时盥，爪可净剔，火宜常宿⑤，量宜饮之时，为举火之候⑥。又当先白⑦主人，然后修事。酌过数行，亦宜少辍。果饵间供，别进浓瀋，不妨中品充之。盖食饮相须，不可偏废，甘醴杂陈⑧，又谁能鉴赏也。举酒命觞，理宜停罢。或鼻中出火，耳后生风，亦宜以甘露⑨浇之。各取大盂，撮点雨前细玉，正自不俗。

【注释】

①　清事：清雅之事。见宋·赵师秀《送沈庄可》诗："清事贫人占，斯言恐是虚。"清：清闲，悠闲。此处指无须劳动，很休闲。

②　躬：自身，亲自。

③　莅：参加，来到。

④　司：掌管，主持。

⑤ 宿：留，停留。此处指一直保留火种不灭。

⑥ 为举火之候：点火伺候。候，服侍、伺候。

⑦ 白：陈述，禀报。

⑧ 甘醴杂陈：味道很浓的酒。

⑨ 甘露：露水，此处指茶饮。

【译文】

煮茶和熏香，都是特别清雅悠闲的事情，不妨自己亲自去做。但是如果和客人谈得挺融洽的时候，怎么还能够自己去做呢？所以，这个时候应该安排两个童子去做这些事情。在早晨的时候，就要把器皿清洗干净，手也要时刻保持干净，不要留有长指甲，火要时刻保留着，估量适合饮茶的时候，就点燃火来伺候。还应该先禀告主人，再置备东西。喝了几次茶后，就应该休息一下。不时提供一些果子食物，呈上些较为浓烈的茶水，这时一般品质的茶也可以用。吃的和喝的互相搭配着，两者不可偏废。佳肴和美酒交杂放在一起，又有谁能分辨出好的茶呢？如果主人举着酒杯叫喊着喝酒，童子应该先将煮茶供饮的事情停下来。有时候鼻子上火，耳后觉得有风的，也可以用茶来泻火。每个人拿着一个大盂，细饮谷雨前采摘的春茶，让自己气正神清，高雅脱俗。

《玉川先生煮茶图》

（清）金农　原作　此为宋人摹本　收藏于北京故宫博物院

饮时

　　心手闲适　披咏疲倦①　意绪梦乱　听歌闻曲　歌罢曲终　杜门避事②

　　鼓琴看画　夜深共语　明窗净几　洞房阿阁③　宾主款狎④　佳客小姬⑤

　　访友初归　风日晴和　轻阴微雨　小桥画舫⑥　茂林修竹　课花责鸟⑦

　　荷亭避暑　小院焚香　酒阑⑧人散　儿辈斋馆　清幽寺观　名泉怪石

【注释】

①　披咏：读书作诗。披，打开、散开。

②　杜门避事：关门躲在家中，远离世事。杜门，闭门，堵门。

③　洞房阿（ē）阁：幽深的内室，多指卧室、闺房。阿阁：四面都有檐溜的楼阁。

④　款狎（xiá）：亲近，亲昵。

⑤　姬（jī）：古时女性的美称。

⑥　画舫（fǎng）：舫，泛指船。装饰美丽的船舫。

⑦　课花责鸟：赏玩花鸟。课、责，考课督责。

⑧　酒阑（lán）：酒筵将尽。

【译文】

　　凡是在这些时候都适合饮茶：心情比较闲适，不忙的时候；读书吟诗非常疲倦的时候；心情烦躁，思绪纷乱的时候；听歌曲和音乐的时候；一首歌唱完，或一首乐曲奏罢的时候；闭门谢客，只在自己的世界中读书，远离世事的时候；弹琴看画的时候；夜深人静，和友人聊天的时候；窗明几净的时候；在内室楼阁里的时候；主人款待客人，与客人亲近相处的时候；有难得的客人和美女相伴的时候；刚拜访朋友回来的时候；天气晴好、风和日丽的时候；细雨绵绵的时候；在小桥边或在画船上的时候；在茂密的树林或竹林里的时候；和朋友赏花看鸟的时候；在荷花亭里避暑的时候；在庭院里焚香的时候；和朋友喝完酒散场的时候；在儿辈们宿舍、校舍的时候；在清幽的寺院里的时候；在欣赏明泉怪石的时候。

《松溪品茗图》▶　（明）陈洪绶

宜辍①

作字　观剧　发书柬②　大雨雪　长筵③大席　翻阅卷帙　人事④忙迫　及与上宜饮时相反事

【注释】

① 辍（chuò）：止，停止之意。

② 柬（jiǎn）：信札、名片、帖子等的统称。

③ 长筵：又宽又长的竹席。指排成长列的宴饮席位。

④ 人事：人情世理，人间俗事。

【译文】

　　应停止饮茶的时候：在写字的时候；在看戏的时候；在给朋友写信的时候；在下大雨下大雪的时候；在大型宴席上的时候；在翻看书籍的时候；或是人多事多，忙碌没有时间的时候；以及和上述所说的适宜饮茶相反的事情、场合。

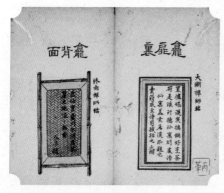
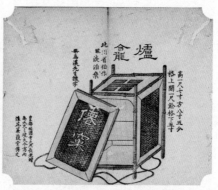

龛背面（左） 龛扉里（右）　　　　　　　炉龛

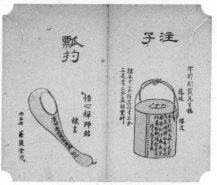

子母钟　　　　　　　瓢杓（左） 注子（右）

《卖茶翁茶器图》 ［日］木村孔阳氏

卖茶翁原名柴山元昭，是日本江户时期人。他在《梅山种茶谱略》一书中提道："茶种于神农，至唐陆羽著经，卢仝作歌，遍布海内外，而后风骚之士吟诗作赋之时无不品茶。"煎茶之道最早起源于陆羽的《茶经》，后来在南宋时期，日本的荣西禅师将茶种和茶艺从中国带回日本，煎茶在日本开始流行起来。此《卖茶翁茶器图》对研究唐宋时期的茶器有很高的价值。

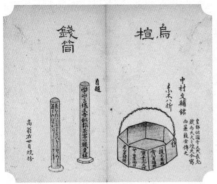

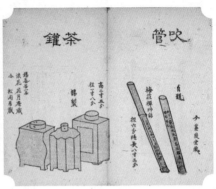

钱筒（左）　乌檀（右）　　　　茶罐（左）　吹管（右）

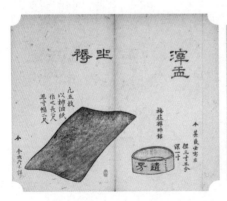

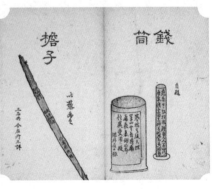

尘褥（左）　浑盂（右）　　　　櫣子（左）　钱筒（右）

166

167

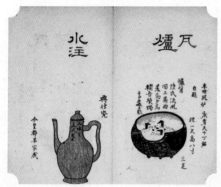

水注（左）　瓦炉（右）　　　　炭篮（左）　小炉（右）

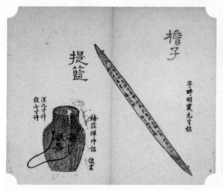

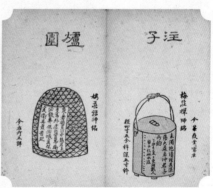

提篮（左）　担子（右）　　　　炉围（左）　注子（右）

炭挝（左） 焙钩（右）

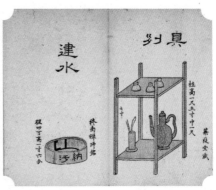

建水（左） 具列（右）

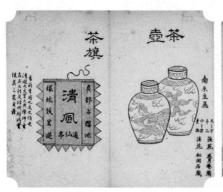

茶旗（左） 茶壶（右）

灰炉（左） 瓶床（右）

不宜用

恶水①　敝器②　铜匙　铜铫　木桶　柴薪　麸炭③　粗童　恶婢　不洁巾帨　各色果实香药

【注释】

① 恶（è）：不好，品质差。此处指品质不好的水。

② 敝（bì）：破旧。

③ 麸（fū）炭：即木炭。麸，指碎而薄的片状物。

【译文】

制茶时不宜用的有：劣质的水，破旧的器具，铜制的茶匙，铜制的小锅，木制的小桶，烧火的木柴，细碎浮薄的木炭，粗鄙的奴仆，不干净的茶巾，各种树木所结的果实和香料。

不宜近

阴室　厨房　市喧^①　小儿啼　野^②性人　童奴相哄^③　酷热斋舍

【注释】

① 市喧：此处指喧嚣的街市。见杜甫《自瀼西荆扉且移居东屯茅屋》诗之二："市喧宜近利，林僻此无蹊。"

② 野：粗野，野蛮，不文雅。见《论语》："野哉由也！"

③ 哄（hòng）：嬉闹，齐声哄（hōng）笑。

【译文】

　　不宜饮茶的地方：阴暗的房间，油烟气重的厨房，喧嚣的街市，有孩子在啼哭的地方，有行为粗俗野蛮的人的地方，奴婢和丫鬟相互哄闹的地方，以及闷热的斋房里。

良友

清风明月　纸帐楮衾^①　竹床石枕　名花琪树^②

【注释】

① 楮（chǔ）：落叶乔木，其叶与桑叶相似，其皮是造纸
　　原料。古时也代指纸张。

② 琪树：仙境中的玉树。琪，一种美玉。

【译文】

　　饮茶的好朋友有这些：月白风清的晚上，纸质的床帐和
被子，竹制的床和石质的枕头，以及名贵珍奇的花草树木。

出游

　　士人①登山临水，必命壶觞②。乃③茗碗熏炉④，置而不问，是徒⑤游于豪举⑥，未托素交⑦也。余欲特制游装⑧，备诸器具，精茗名香，同行异室⑨。茶罋一，注二，铫一，小瓯四，洗一，瓷合一，铜炉一，小面洗一，巾副⑩之，附以香奁⑪、小炉、香囊、匕箸⑫，此为半肩⑬。薄瓮贮水三十斤，为半肩足矣。

【注释】

① 士人：士大夫，儒生。

② 壶觞（shāng）：一种酒器。

③ 乃：连词，表转折，然而，可是。

④ 熏（xūn）炉：一种熏香或取暖用的器具，圆形，大腹，两侧有环形提手，金属材料制成。

⑤ 徒：白白地，徒然。

⑥ 豪举：行为举止豪迈，不受拘束。

⑦ 素交：旧友，真挚纯洁的友情。

⑧ 装：行装，也泛指物品。

⑨ 异室：住在不同居室，这里指旅行。

⑩ 副：辅佐。

⑪ 香奁（lián）：放置香料的匣子。

⑫ 匕筯（zhù）：食具，指羹匙和筷子。

⑬ 半肩：半担，一担为一百市斤。

【译文】

　　士大夫游山玩水，必定会带酒器饮酒。而却把茶碗和熏香的炉子放在一边不闻不问，这样其实是白白浪费了盛大出游的机会，更不会交到真诚质朴的好友。我如果要出游，就要特地制作出游的装备，准备齐各种器具，以及上好的茶叶和有名的熏香料，一并带着它们出游。另外，还需要带上一个茶罂，两个茶壶，一个小锅，四个小茶杯，一个茶洗，一个瓷盒，一个铜炉，一个小面洗，拭布附带在面洗里，再加上香奁、小炉、香囊、羹匙和筷子，这些就已有半担重了。薄瓮里还要装水三十斤，已够作为另外的半担重的东西了。

虎林水①

　　杭两山②之水，以虎跑泉③为上。芳洌甘腴④，极可贵重，佳者乃在香积厨⑤中上泉，故⑥有土气，人不能辨。其次若龙井⑦、珍珠、锡杖、韬光⑧、幽淙⑨、灵峰⑩，皆有佳泉，堪供汲煮。及诸山溪涧澄流，并可斟酌，独水乐⑪一洞，跌荡⑫过劳，味遂漓薄⑬。玉泉⑭往时颇佳，近以纸局⑮坏之矣。

【注释】

① 虎林水：杭州的水。虎林，即武林，杭州旧称。传说杭州城外有个虎林山，因此被称为虎林。一说武为吴音虎的讹传；一说为避唐太祖李虎之讳而改为武林。

② 杭两山：杭州南高峰、北高峰，又称南山、北山。

③ 虎跑泉：位于今浙江杭州西南大慈山白鹤峰下的慧禅寺（俗称虎跑寺）侧院内。相传唐元和十四年（819年）高僧寰中（又名性空）来居大慈山，因为附近无水源，所以就想着迁往别处。一天忽然梦到有个神人告诉他，这里明天就会有水了，当天晚上就来了两只老虎刨地挖穴，于是清亮的泉水随即流出，故名虎跑泉。

④ 芳洌（liè）甘腴（yú）：香甜清澈肥美。洌，清澄。腴，肥美。

⑤ 香积厨：寺庙做饭的屋子，是寺僧们用斋食的地方。

⑥ 故：常常。

⑦ 龙井：寺庙名，在浙江杭州西湖的西南山地区中，因寺内有口井，所以就称为龙井，后这个寺庙也叫龙井了。

⑧ 韬光：唐代名僧，四川人，会写诗，住杭州灵隐寺，与郡守白居易为诗友。穆宗长庆年间，在灵隐山西北巢枸坞建造寺庙，后人称为韬光寺，也省称韬光。

⑨ 幽淙：在杭州上天竺寺南边的幽淙岭。

⑩ 灵峰：山名，在浙江杭州西湖的边上。

⑪ 水乐：水乐洞，在杭州南山烟霞岭，以前称之为钱氏西关净化院。洞口有清泉水流出。

⑫ 跌荡：上下起伏。

⑬ 漓薄：酒不浓厚了，味道浅薄。

⑭ 玉泉：在杭州九里松北净空院，与虎跑泉、龙井泉并称为杭州三大名泉。

⑮ 纸局：古代生产纸张的场所。明宣德时期，杭州玉泉曾设有纸局，导致泉水受到污染，纸局被废后，泉水才恢复清澈。

【译文】

杭州南北两山之间的泉水，当属虎跑泉的水质最好。虎跑泉的水芳香清醇，味道甘甜，十分珍贵，其中好的水属香积厨中的上泉水，有时候泉水中会有泥土的气味，这是人们分辨不出来的。除了虎跑泉以外，像龙井、珍珠、锡杖、韬光、幽淙、灵峰这些地方都有着上好的泉水，可以供人们汲取煮茶叶。至于群山之间澄澈的山泉水、溪水、涧水都可以饮用。只有水乐洞的急流，因水流上下起伏过度，损耗过多而味道浮薄。玉泉的水以前是不错的，但近来因设置造纸局的缘故，水的味道被破坏了。

宜节

茶宜常饮，不宜多饮。常饮则心肺清凉，烦郁顿释。多饮则微伤脾肾，或泄或寒。盖脾土①原润，肾又水乡②，宜燥宜温，多或非利也。古人饮水饮汤③，后人始易以茶，即饮汤之意。但④令色香味备，意已独至，何必过多，反失清冽⑤乎？且茶叶过多，亦损脾肾，与过饮同病。俗人知戒多饮，而不知慎多费，余故备⑥论之。

【注释】

① 脾土：指脾。脾在五行中属土，所以称为脾土。脾属太阴，喜燥而厌湿，病症容易被湿所困，因此脾又有湿土、太阴湿土之称。

② 肾又水乡：中医认为肾主水，用阳开阴合维持人体水液的平衡。

③ 汤：开水，沸水。

④ 但：只，仅仅。

⑤ 清冽：清醇，清淡。

⑥ 备：完备。

【译文】

虽然茶适宜经常饮用，但也不能过多贪图。经常饮用茶可以凉爽心肺，烦闷的情绪就会随之消散。过多喝茶，还会对脾和肾造成一些负担，也可能会导致腹泻或受寒。本来人的脾脏和肾内的水分已经很充足了，它需要干燥和温暖的内在环境，过多的水不太好。古时候的人们饮用水和食物汤汁，后来才开始变成饮茶，也就是喝汤的意思。只要它的色香味能够满足自己，也没必要喝太多，那样只会失去茶应有的清冽醇厚。并且放的茶叶太多的话，也会损伤脾肾，这与过度饮茶一样是错误的。平常人都知道，茶不能多喝，但却不知道也不能喝浓茶，所以我特在此节详尽地论述一下。

辨讹①

古人论茶，必首蒙顶②。蒙顶山，蜀雅州山也，往常产，今不复有。即有之，彼中夷人③专之，不复出山。蜀中尚不得，何能至中原、江南也。今人囊④盛如石耳⑤，来自山东者，乃蒙阴山⑥石苔，全无茶气，但微甜耳，妄谓蒙山茶。茶必木生，石衣得为茶乎。

【注释】

① 讹（é）：谬误。

② 蒙顶：蒙顶茶，中国名茶之一，产于蒙山，唐代时成为贡茶。

③ 夷人：古代的少数民族。

④ 囊（náng）：用口袋装。

⑤ 石耳：地衣植物门植物，因其形似耳朵，并长在悬崖绝壁潮湿的石缝中而得名。

⑥ 蒙阴山：地处山东蒙阴城南，因蒙阴城而得名。

【译文】

　　古人一谈到茶，都觉得蒙顶山的茶是最好的。蒙顶山是四川雅州的一座山，以前也曾产过茶，不过现在已经没有了。就是有也被山中的少数民族占有了，茶无法送出山。就连蜀中的人都无法得到它，更不用说中原和江南等地了。现在人们口袋里装着的像石耳一样的东西，是蒙阴山石头上所滋生的苔藓，一点茶气都没有，只有一点甜甜的口感，以冒充是蒙山茶。茶叶必定是长在树上的，而附着在石头上的苔藻怎么能成为茶叶呢？

考本

　　茶不移本，植必子生。古人结婚，必以茶为礼，取其不移植子之意也。今人犹名其礼曰下茶。南中①夷人定亲，必不可无，但有多寡。礼失而求诸野，今求之夷矣。

【注释】

①　南中：今云南、贵州和四川西南部。

【译文】

　　茶树不能移栽，一定是要通过种子来种植。古人结婚，必定将茶作为礼物，取的就是茶不能移植而必须种子直播的寓意。现在的人还把这种礼数叫作"下茶"。南中地区的少数民族定亲，一定不能没有茶，只是有用多少之分。如果礼制沦丧，就要到民间去访求，现在只能向偏远地方的人请教了。

　　余斋居①无事，颇有鸿渐之癖（pǐ）。又桑苎翁所至，必以笔床②、茶灶自随。而友人有同好者，数谓余宜有论著，以备一家，贻③之好事，故次而论之。倘有同心，尚箴余之阙，葺④而补之，用告成书，甚所望也。次纾再识。

【注释】

①　斋居：住在家中，也叫闲居。宋代王安石《送郓州知府宋谏议》诗中说："坐镇均劳逸，斋居养智恬。"

②　笔床：放置毛笔的专用装具。

③　贻（yí）：遗留。

④　葺（qì）：修补，整理。

【译文】

我闲居在家，并有着和陆羽一样的癖好（崇尚茶事）。陆羽所到之处，必定带着笔床、茶灶。有朋友与我爱好一样，他不止一次对我说，让我写一本有关茶的论述，来成一家之言，以留给喜欢茶的人看，所以我就编纂了这本书。如果有谁与我有一样的癖好，希望他能够指出我书中的一些缺漏，并加以修补完善，来宣告它的成书。我是特别期望的。次纾再记。

《吃茶养生记》 ［日］荣西禅师

《吃茶养生记》是继中国《茶经》之后世界上第二部"茶经"。

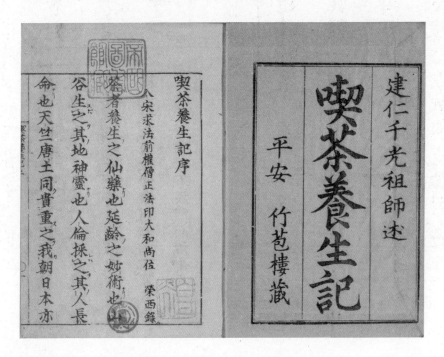

劫初人與天人同令人漸下漸弱四大

五臟如朽然者針灸並傷湯治亦或不

應若好此治方者漸弱漸竭不可不怕

者爇背者醫方不添削而治令人斟酌

寡爇伏惟天造萬像造人爲貴人保一

期守命爲賢其保一期之源在于養生

其示養生之術可安五臟五臟中心臟

爲王乎建立心臟之方喫茶是妙術也

【明】

茶说

黄龙德 撰

序

　　茶为清赏^①，其来尚矣，自陆羽著《茶经》，文字遂繁。为谱为录，以及诗歌咏赞，云连霞举，奚啻五车^②。眉山氏有言，穷一物之理，则可尽南山之竹^③，其斯之谓欤。黄子骧溟著《茶说》十章，论国朝^④茶政；程幼舆^⑤搜补逸典，以艳其传。斗雅试奇，各臻其选，文葩句丽，秀如春烟。读之神爽，俨若吸风露而羽化^⑥清凉矣。书成，属予忝订^⑦，付之剞劂^⑧。夫鸿渐之《经》也以唐，道辅^⑨之《品》也以宋，骧溟之《说》、幼舆之《补》也以明。三代异治，茶政亦差，譬寅丑殊建^⑩，乌^⑪得无文。噫！君子之立言也，寓事而论其理，后人法之，是谓不朽，岂可以一物而小之哉。

　　岁乙卯，天都^⑫逸叟^⑬胡之衍题于栖霞之试茶亭。

【注释】

① 清赏：指幽雅的景致或清雅的赏玩之物。出自《晋书·王戎传》："濬冲清赏，非卿伦也。"

② 云连霞举，奚啻（chì）五车：形容写茶谱、茶录，诗歌咏赞的数量之多，多得像云霞一般连绵万里，何止五车。奚啻，何止，岂但。亦作"奚翅"。出自《孟子·告子下》："取食之重者与礼之轻者而比之，奚翅食重。"

③ 穷一物之理，则可尽南山之竹：此句出自苏轼《书黄道辅〈品茶要录〉后》："物有畛而理无方，天下之辩，不足以尽一物之理。达者寓物以发其辩，则一物之变，可以罄南山之竹。"意思是知道一物之理后，就可以推演万物之理。穷，尽。

④ 国朝：指作者所在的明朝。

⑤ 程幼舆：程百二，字幼舆，号瓦全道人。明万历时刻书家，直隶徽州府休宁人。代表作《程氏丛刻》，明万历四十三年(1615)前后，辑《品茶要录补》。

⑥ 羽化：得道成仙。这里指思想达到了一定境界后的状态，达到了物我两忘。宋·苏轼《前赤壁赋》："飘飘乎如遗世独立，羽化而登仙。"

⑦ 忝订：忝，通"添"。改正修订。

⑧ 剞劂（jī jué）：刻镂的刀具。引申为刻印书籍。

⑨ 道辅：即黄儒，字道辅，北宋建安（今福建建瓯）人，神宗熙宁年间进士，写有《品茶要录》，是一本中国早期系统论述茶叶的审评之作。

⑩ 譬寅丑殊建：这里喻茶政在各朝有不同的指向。寅丑殊建，夏、商、周三代各以不同月份为一年之首。夏以寅月（即正月）为一年之首，称为建寅，商以丑月（即十二月）为一年之首，称为建丑。

⑪ 乌：疑问词，哪，何。

⑫ 天都：帝王所居的都城，这里指南京。

⑬ 逸叟：遁世隐居的老人。

【译文】

茶作为一种清雅玩赏的事物，已经很久了。自从陆羽写了《茶经》以后，有关这方面的文章就越来越多。写茶谱、茶录和作诗歌来赞咏茶的，多得就像云霞一般连绵不绝，根本就不是区区五车能装下的。眉山的苏轼曾说，一物之理明白了，就可以推及万物之理，说的大概就是这个意思吧。黄骧滇著《茶说》十章来讨论本朝的茶事，程幼舆搜罗资料，补全佚失的典籍，以此来使它的记叙更加丰富完美。《茶说》记叙了各种新奇雅致的事物，文辞华丽优美，就像春天的轻烟一般秀丽可人。读这些文字可以使人感到神清气爽，如同吸吮了清风和雨露，令人飘飘欲仙。书稿完成后，他就嘱托我替他修订、刻印。唐代有陆羽的《茶经》，宋代有黄儒的《品茶要录》，明代则有黄骧滇的《茶说》和程幼舆的《品茶要录补》。这三个朝代的政治不同，茶事也有差别，就如同夏朝建寅、商朝建丑一样区别很大，这怎么能够没有文字来记录呢？唉，以前君子著书立说，都是通过某个事情来讲述道理，并让后来的人效法学习，以达到永垂不朽，怎么能够因为一件事情太过细微就轻视它呢？

乙卯年（1615 年），隐居于南京的胡之衍写于栖霞山试茶亭。

总论

　　茶事之兴，始于唐，而盛于宋。读陆羽《茶经》及黄儒《品茶要录》，其中时代递迁①，制各有异。唐则熟碾细罗②，宋为龙团金饼③。斗巧炫华，穷其制而求耀于世，茶性之真，不无为之穿凿④矣。若夫⑤明兴，骚人词客，贤士大夫，莫不以此相为玄⑥赏。至于曰采造，曰烹点⑦，较之唐、宋，大相径庭。彼以繁难胜，此以简易胜；昔以蒸碾为工，今以炒制为工。然其色之鲜白，味之隽永，无假⑧于穿凿。是其制不法唐宋之法，而法更精奇，有古人思虑所不到。而今始精备茶事，至此即陆羽复起，视其巧制，啜其清英，未有不爽然为之舞蹈者。故述国朝《茶说》十章，以补宋黄儒《茶录》之后。

【注释】

①　递迁：变化，更改。

②　熟碾细罗：碾茶罗茶是唐宋时期煮茶、点茶的一道重要程序。饮茶时先把茶饼敲碎，再用茶碾、茶磨碾细。细罗，细细地罗筛茶末。

③　龙团金饼：指龙凤团茶。金饼，指龙团凤饼茶的贵重。

④　穿凿：犹牵强附会，这里指偏离本真。

⑤ 若夫（fú）：句首语气词，用于引起下文。有"至于说到……"的意思。北宋·欧阳修《醉翁亭记》："若夫日出而林霏开，云归而岩穴暝，晦明变化者，山间之朝暮也。"

⑥ 玄：同"炫"，炫耀，刻意强调自己。

⑦ 烹点：煮茶点茶，煮水点茶。唐代主要使用煮茶法，其法，先将水烧到适宜温度，再将茶末放入，用茶筴搅拌，等到煮出汤花沫饽，再分盛到茶碗中饮用。宋代主要使用点茶法，其法，将碾好罗细的少量茶末放入茶碗中，然后倒入少量开水将茶末调成膏糊状，接着用汤瓶边冲入开水边用茶筅击拂，直至茶汤表面形成汤花，即可饮用。

⑧ 假：凭借，依托。

【译文】

茶事的兴起，始于唐代，兴盛于宋代。读陆羽的《茶经》和黄儒写的《品茶要录》，从书中可以看到随着时代变迁，茶叶的制作工艺有了差别。唐时讲究仔细地碾茶罗茶，宋时时兴将茶叶做成龙团凤饼。攀比灵巧，炫耀华丽，各种茶叶制作工艺极尽细致，以求能在世上显耀，但是茶的本性，却被歪曲了。到了明朝建立以后，无论是文人还是官员，无不把茶作为相互炫耀欣赏的东西。而采茶制茶、煮茶点茶的工艺和唐宋时期比差异很大。唐宋制茶靠的是烦琐的工艺制胜，而现在是靠简便易行取胜；过去蒸茶、碾茶是主要工艺，现在炒制为主要工艺。然而茶颜色新鲜嫩白，味道回味深长，一点儿也不比古人那些用复杂工艺制作出来的茶差。虽然如今的制茶工艺没有效仿唐宋时的做法，但是工艺更加精湛神奇，古人的思虑还有点儿比之不及。如今才称得上让茶事精致完备了，此刻，即便是陆羽再生，看到精巧的制茶工艺，品味茶叶清纯洁净的精华，也不能不感到畅快而手舞足蹈。所以我记述本朝《茶说》十章，以此来填补宋朝黄儒《茶录》之后的空白。

唐代瓷釉茶碗　收藏于美国纽约大都会艺术博物馆

唐代时喝茶用的茶饼。在煮制前需要经过烘烤、碾碎、过筛三层工序。茶饼在存放过程中会吸潮，只有将其中的水分彻底烤干才能将茶香逼出。用夹子夹住茶饼，尽可能靠近炉火烘烤，并且要不时翻转，一直到水汽得到完全释放为止。充分烤干后用碾子把茶饼碾碎，并且过筛。之后才能煮用。

唐代白釉花口碗　收藏于美国纽约大都会艺术博物馆

唐代花鸟釉茶碗　收藏于美国纽约大都会艺术博物馆

一之产

　　茶之所产，无处不有，而品之高下，鸿渐载之甚详。然所详者，为昔日之佳品矣，而今则更有佳者焉。若吴中①虎丘②者上，罗岕者次之，而天池③、龙井、伏龙则又次之。新安④松萝者上，朗源⑤沧溪次之，而黄山⑥磻溪⑦则又次之。彼武夷、云雾、雁荡、灵山诸茗，悉为今时之佳品。至金陵⑧摄山所产，其品甚佳，仅仅数株，然不能多得。其余杭浙等产，皆冒虎丘、天池之名，宣、池⑨等产，尽假松萝之号。此乱真之品，不足珍赏者也。其真虎丘，色犹玉露，而泛时香味若将放之橙花。此茶之所以为美。真松萝出自僧大方所制⑩，烹之色若绿筠⑪，香若兰蕙，味若甘露，虽经日而色香味竟如初烹而终不易。若泛时少顷而昏黑者，即为宣、池伪品矣，试者不可不辨。又有六安之品，尽为僧房道院所珍赏，而文人墨士则绝口不谈矣。

【注释】

①　吴中：吴郡中部。古时吴郡辖今苏南浙北，包括杭州在内，郡治在吴县（今苏州）。

②　虎丘：即虎丘山。在今江苏省苏州市西北，一名海涌山。相传春秋时吴王阖闾葬于此，三日有虎踞其上，故名。

虎丘山中产茶，顾湄在康熙十五年（1676年）修的《虎丘山志》中记载："叶微带黑，不甚苍翠，点之色白如玉，而作豌豆香，宋人呼为白云花。"清代陈鉴在《虎丘茶经注补》中也记载了虎丘茶，"茶子如小弹"，意思是说，虎丘茶开的花形状比白蔷薇要小。

③ 天池：天池山，位于苏州西南十五公里藏书镇境内，与姑苏名山天平山、灵岩山一脉相连，是浙江天目山的余脉。因半山坳中有天池，故而得名。

④ 新安：指安徽徽州一带，位于新安江上游，古称新安。

⑤ 朗源：朗源山，位于安徽休宁万安镇。

⑥ 黄山：原名黟（yī）山，古代别名岗山。唐天宝六载（747年），唐玄宗根据轩辕黄帝在这里采药炼丹得道升天的传说，改其名为黄山。黄山位于安徽省南部，处在歙县、黟县、太平县、休宁县之间，是长江与钱塘江两大水系的分水岭。

⑦ 磻（pán）溪：溪名，在今安徽歙县境内，相传是姜太公钓鱼的地方。

⑧ 金陵：南京的古称，公元前333年，楚威王熊商灭越后在今南京市清凉山（石城山）设金陵邑。

⑨ 宣、池：宣州、池州。宣州，今安徽宣城。池州，位于安徽西南部。

⑩ 真松萝出自僧大方所制：大方和尚创制的松萝茶。

⑪ 筠（yún）：竹皮。

【译文】

  茶的产地全国到处都有，然而茶的品质却有高下之分，陆羽对此有过详尽的记载。但是他记载的也只是过去的好茶，现在又有了品质更好的茶。像吴中地区产的虎丘茶就是上等好茶，罗岕茶差一个等级，而天池、龙井、伏龙就又差一个等级。新安松萝茶为上品，朗源沧溪茶差一个等级，黄山的磻溪茶就更差了。那些产于武夷、云雾、雁荡、灵山的茶，都是当今的上等好茶。至于金陵摄山产的茶，虽说品质极好，但是只有几株，产量很少，不能多得。其余杭州及浙江其他地区产的茶，都冒充虎丘茶和天池茶，宣州、池州等地产的茶都假冒松萝茶。这些假冒的茶是不值得人们珍惜、品鉴的。真正的虎丘茶，颜色像玉露般透亮，冲泡时散发出犹如橙花初绽般的香味。这就是茶之所以美好之处。真正的松萝茶由茶艺精湛的僧人大方制作，冲泡后的茶色碧绿如竹，香气如兰蕙，味醇像甘露，即使过了几天，它的颜色、香气、味道也像刚冲泡时那样。如果冲泡不久就变成了暗黑色，十有八九那便是宣、池地区产的假松萝茶，品尝的人不能不加以分辨。还有六安产的茶，都被僧人和道家珍藏起来品鉴，因此文人墨客对此就不谈了。

茶树　（清）佚名

《蜀山栈道图》

（五代）梁关仝

收藏于中国台北
故宫博物院

根据《茶经》中的
说法，这里的茶树
树干十分粗大，甚
至得要两个人才
能合抱。

二之造

采茶，应于清明之后，谷雨之前，俟其曙①色将开，雾露未散之顷，每株视其中枝颖秀者取之②。采至盈篇③即归，将芽薄铺于地，命多工挑其筋脉④，去其蒂杪⑤。盖存杪则易焦，留蒂则色赤故也。先将釜烧热，每芽四两作一次下釜，炒去草气，以手急拨不停。睹其将熟，就釜内轻手揉卷，取起铺于箕⑥上，用扇扇冷。俟炒至十余釜，总覆炒之。旋炒旋冷，如此五次。其茶碧绿，形如蚕钩，斯成佳品。若出釜时而不以扇，其色未有不变者。又秋后所采之茶，名曰"秋露白"；初冬所采，名曰"小阳春"。其名既佳，其味亦美，制精不亚于春茗。若待日午阴雨之候，采不以时，造不如法，篇中热气相蒸，工力不遍，经宿⑦后制，其叶会黄，品斯下矣。是茶之为物，一草木耳。其制作精微，火候之妙，有毫厘千里之差⑧，非纸笔所能载者。故羽云："茶之臧否，存乎口诀。"斯言信矣。

【注释】

① 曙：天刚蒙蒙亮。

② 视其中枝颖秀者取之：颖秀，苗壮挺拔。语出陆羽《茶经·卷上·三之造》："选其中枝颖拔者采焉。"

③ 籝（yíng）：筐笼一类的盛物竹器，用竹子编织而成，采茶时背在身后，容量为五升到三斗之间。陆羽的《茶经》记载有这种采茶用具。

④ 筋脉：指茶叶梗。梗，植物的枝或茎。

⑤ 蒂杪（miǎo）：茶的蒂头和尖梢。蒂，花或瓜果跟枝茎相连接的部分，这里是指茶的蒂头，茶蒂在宋时也称"乌蒂"。杪，树梢；末梢。此处指茶芽叶的叶尖部分。

⑥ 箕（jī）：簸箕，扬米去糠的竹编器具。

⑦ 宿：隔夜的。

⑧ 毫厘千里之差：开始时虽然相差很微小，但是结果却有千里之差。毫、厘是两种极小的长度单位。厘，十毫为一厘。

【译文】

采茶的时间，应该选在清明之后，谷雨之前，等到天刚蒙蒙亮，雾气、露珠都还没有消散的时候，选择每株茶树上枝叶茁壮的采摘。如果茶叶采满了要马上回去，将芽叶摊薄铺在地上，然后让工人挑出其中的茶叶梗，摘去茶叶蒂头和梢尖。这是因为梢尖不去掉的话，在炒制的过程中就容易被炒焦，而保留蒂头，也会使茶色变红。炒茶时，先将锅烧热，每次放四两芽叶下锅，用手快速翻动，将茶叶的草气炒掉。看到茶快要炒熟的时候，就在锅中轻轻揉卷茶叶，把它揉成条状，然后把它取出来铺在簸箕上，用扇子扇凉。等炒十多锅后，把之前炒过的茶叶再次倒进锅里炒制。然后取出扇凉，这样反复操作五次。经过五次的翻搅炒制，茶的颜色呈现出碧绿，像蚕钩的形状，这样就制成了上等茶。如果出锅的时候不扇凉，那么茶以后就会变色。立秋之后采制的茶，名字叫作"秋露白"；初冬时采制的茶，名字叫作"小阳春"。不仅名字好听，茶也很美味，其制作的精致程度不亚于春茶。如果等到中午或阴天下雨的时候采摘，或者不按适宜的时间采摘，制作的方法不符合要求，竹笼中芽叶的热气互相蒸腾，或者人工拣择不洁净，或者过了一夜炒制的茶叶，叶子就会发黄，茶的品质也就差了。虽然茶是一种植物，但是在制作过程中的精细程度和火候要控制得微妙，只要出现一丝不同，就会导致茶的品质不同，这种微妙差别纸笔是不能记录下来的。因此陆羽曾说："鉴别茶叶，是有口诀的。"这话说得确实很对。

《茶景全图》佚名

历代名茶大都出自高山之中。高山的海拔高度造就了独特的气候环境，适宜茶树生长，也使茶叶带有别样的风味。

手工采茶需要熟练的工人，经验
丰富与否直接决定茶叶的品质。

在一个普通的茶农家庭当中，一
般男性担茶，女性采茶。茶叶不
能挤压，摘满一担就要及时搬运
晾晒。

手工拣茶是为了去除杂质，精选
茶叶。

将茶叶放入竹箩中晾晒。

筛选茶叶，提高品级。

将茶叶中的水分完全逼出，使其
充分干燥。

确定茶叶的成色。　　　　将茉莉花混入茶叶当中，制成花　人工搬运茶叶。
　　　　　　　　　　　　　茶。

装箱密封。　　　　　　　销往各地。

三之色

　　茶色以白、以绿为佳，或黄或黑失其神韵^①者，芽叶受奄之病^②也。善别茶者，若相士之视人气色^③，轻清者上，重浊者下，瞭然在目^④，无容逃匿。若唐宋之茶，既经碾罗，复经蒸模^⑤，其色虽佳，决无今时之美。

【注释】

① 神韵：风度韵味。这里指茶叶的色泽。

② 受奄（yǎn）之病：指茶叶杀青后没能及时摊凉，揉捻，或揉捻后又没能及时烘干、炒干，堆积过久，茶就会发黄。

③ 若相士之视人气色：本句出自北宋蔡襄的《茶录》："善别茶者，正如相工之视人气色也。"相士，相师，旧时以谈命相为职业的人。

④ 瞭然在目：瞭然，即"了然"，清楚，明白。一眼就看得清清楚楚。

⑤ 既经碾罗，复经蒸模：前后倒置句，当为"既经蒸模，复经碾罗"，说的是唐宋时以蒸青法制饼茶，饮用时用碾磨筛细的末茶煮饮、点饮法。蒸模，指唐宋时蒸茶和用椿模压制饼茶。碾罗，碾茶就是用茶碾茶磨碾茶，用茶罗筛茶。

【译文】

　　茶叶的色泽以白色、绿色为佳，有的茶叶发黄发黑，失去了茶叶色泽的自然韵味，原因是茶芽未能及时制作，而堆积过久。善于鉴别茶叶的人，如同相面的人会看人的气色一样，清亮透彻地浮在上面，沉重浑浊的沉到下面，清清楚楚，一点儿都逃不过他的"法眼"。像唐宋时的茶叶，制作的时候需要经过蒸茶和压制，饮茶时再经过碾磨和筛细，茶色即便很好，但也绝对没有如今茶的色泽好。

四之香

　　茶有真香，无容矫揉①。炒造时草气既去，香气方全，在炒造得法耳。烹点之时，所谓"坐久不知香在室，开（推）窗时有蝶飞来"②。如是光景，此茶之真香也。少加造作，便失本真。遐想龙团金饼，虽极靡丽③，安有如是清美？

【注释】

① 矫揉：故意做作。此处指北宋时建安北苑贡茶曾经添加龙脑等香料，以增加茶的香味。这种做法在北宋中期即为蔡襄《茶录》所批评："茶有真香，而入贡者微以龙脑和膏，欲助其香，建安民间试茶皆不入香，恐夺其真……正当不用。"但直到宋徽宗《大观茶论》中的不认可，这种做法才告停止。

② 坐久不知香在室，开窗时有蝶飞来：出自元人的余同麓《咏兰》："手培兰蕊两三栽，日暖风和次第天。坐久不知香在室，推窗时有蝶飞来。"

③ 靡丽：精美华丽。

【译文】

茶叶有着本身自然的香气，不需要故意去做作制造。炒制茶叶时，将草味去掉后，茶的香气才会完全散发出来，这是因为炒制的方法得当。煮水冲泡饮茶的时候，就会像诗人说的："在室内坐久了，便会闻不到香味，但一开窗，却有蝴蝶寻着香气飞了进来。"此景象，才是茶最真实、自然的香味啊。如果稍微添加了人为的东西，便会失去茶的本真味道，想想以前的龙团金饼，虽然非常精美华丽，但是它怎么会有如此清新美好的味道呢？

五之味

　　茶贵甘润，不贵苦涩，惟松萝、虎丘所产者极佳，他产皆不及也。亦须烹点得应。若初烹辄饮，其味未出，而有水气。泛久后尝，其味失鲜，而有汤气。试者先以水半注器中，次投茶入，然后沟注①。视其茶汤相合，云脚②渐开，乳花③沟面。少啜则清香芬美，稍益润滑而味长，不觉甘露顿生于华池。或水火失候，器具不洁，真味因之而损，虽松萝诸佳品，既遭此厄，亦不能独全其天。至若一饮而尽，不可与言味矣。

【注释】

① 先以水半注器中，次投茶入，然后沟注：这是泡茶的中投法。泡茶时先往茶杯中倒入一半开水，再放进茶叶，然后再倒满茶杯。明代张源《茶录》有记载："投茶有序，毋失其宜。先茶后汤曰下投；汤半下茶，复以汤满，曰中投；先汤后茶曰上投。春秋中投，夏上投，冬下投。"沟注，将水注入杯中。沟，水注入到山谷里。《尔雅》："水注谷曰沟。"

② 云脚：宋人点茶的专用术语。指茶少水多时，茶末有的会漂浮在茶汤上，有的会沉入杯底，就像云脚一般散乱。

③ 乳花：指烹茶点茶时在茶汤表面形成的乳白色茶沫饽。宋人梅尧臣《得雷太简自制蒙顶茶》诗："汤嫩乳花浮，香新舌甘永。"

【译文】

茶的味道贵在甘甜润泽，而不是苦涩，只有松萝、虎丘所产的茶叶味道最好，其他地方的茶叶都比不上。但也必须将烹点掌握到恰到好处。如果茶刚冲泡就喝，茶的味道还没散发出来，喝起来就会有水的味道。如果冲泡后停了很久才喝，茶叶就失去了新鲜，且味道会很重。泡茶的人要先在茶杯中倒一半的开水，再放茶叶进去，然后倒满水。看到茶叶和水相互交融，茶叶逐渐展开，乳白色的泡沫漂在茶汤表面。喝一小口就感到唇齿间有芬芳甘醇之味，再多喝点儿就感到润滑，滋味深长，不知不觉中那种甜美的甘露马上就溢满了口中。如果煮茶的水温和火候不恰当，器物茶具不干净，茶的味道就会打折扣，就算是松萝这样的好茶，如果遭遇如此灾难，也无法确保它的本真味道。至于像那种一口气就喝完一盏茶的，跟他也无从谈起。

六之汤

汤者，茶之司命，故候汤最难。未熟，茶浮于上，谓之婴儿汤[①]，而香则不能出。过熟，则茶沉于下，谓之百寿汤[②]，而味则多滞[③]。善候汤者，必活火[④]急扇，水面若乳珠，其声若松涛，此正汤候也。余友吴润卿，隐居秦淮[⑤]，适情茶政，品泉有又新[⑥]之奇，候汤得鸿渐之妙，可谓当今之绝技者也。

【注释】

① 婴儿汤：嫩汤，指没有烧开的水。《十六汤品》："第二品，婴汤。薪火方交，水釜才炽，急取旋倾，若婴儿之未孩，欲责以壮夫之事，难矣哉！"

② 百寿汤：老汤。指沸腾太长时间的水，用它沏茶无味。《十六汤品》："第三品，百寿汤（一名白发汤）。人过百息，水逾十沸，或以话阻，或以事废，始取用之，汤已失性矣。"

③ 滞：停滞，不畅通。

④ 活火：即明火，有火苗的火。这里是使动用法，使火焰

明亮炙烈。

⑤ 秦淮：河名，南京第一大河。秦淮河分内河和外河，内河在南京城里，素为"六朝烟月之区，金粉荟萃之所"，更兼十代繁华，是南京城最热闹的地方，被称作"十里秦淮"。

⑥ 又新：张又新，字孔昭，深州陆泽县（今河北省深州市）人。张荐之子。生卒年不详。张又新嗜茶，著有《煎茶水记》一卷，是继陆羽《茶经》之后又一部重要的茶道研究著作。

【译文】

　　为泡茶烧的水是决定茶的味道好坏的关键，所以说掌握好水烧开的程度是不容易的。如果水没有烧到特别开，茶叶就会漂浮在水面上，叫作"婴儿汤"，这种汤茶香就无法散发出来，如果水烧得过于沸腾，茶叶就会沉到水下，叫作"百寿汤"，这种汤的茶味会凝滞。会烧水的人一定会快速扇动扇子，让火焰明烈，让水的表面像乳白色的珍珠在翻滚，发出像松涛一样的沸腾水声，这才是水烧到了合适的程度。我的朋友吴润卿，在秦淮河一带隐居，他喜欢研习茶事，品评泉水有张又新那样新奇的见解，烧水候汤领悟到了陆羽的妙法，可以说现在他身怀煮水烹茶的绝技了。

七之具

　　器具精洁，茶愈为之生色。用以金银，虽云美丽，然贫贱之士未必能具也。若今时姑苏①之锡注，时大彬②之砂壶，汴梁③之汤铫，湘妃竹之茶灶④，宣、成窑之茶盏，高人词客，贤士大夫，莫不为之珍重。即唐宋以来，茶具之精，未必有如斯之雅致。

【注释】

① 姑苏：即苏州，古代又称吴郡、平江府。

② 时大彬（1573—1648）：明末清初人，是继供春以后最有影响的壶艺家。他总结了整套制壶工艺，对紫砂陶的泥料配制、成形技法、造型设计与铭刻都极有研究，改进了泥片拍打、镶接成形的艺术，至今仍为紫砂行业所遵循。

③ 汴梁：指北宋东京汴梁，现河南开封。

④ 湘妃竹之茶灶：以湘妃竹制成的方形煎茶风炉，在明代很兴盛，把耐高温的泥土涂抹其里，可以防其炙燃。也

叫"苦节君"，取其每天都要经受炙烈的火焰烘烤，但依然可以保持其操守之意。

【译文】

　　煮茶的器具越精致洁净，越能衬托出茶色之美。用金银来制作茶具，虽然非常华美，但是贫寒之人不可能使用上。像现在苏州的锡制小壶，时大彬的紫砂壶，开封的汤铫，湘妃竹的茶灶，宣窑、成窑的茶盏，高士和词人，贤士和官员，没有哪个会认为它们不贵重。从唐宋到现在，茶具的精致程度，都还没有像现在这样雅致的。

汉代铜灶

八之侣

　　茶灶疏烟，松涛盈耳，独烹独啜，故自有一种乐趣。又不若与高人论道，词客聊诗，黄冠①谈玄，缁衣讲禅②，知己论心，散人③说鬼之为愈也。对此佳宾，躬为茗事，七碗下咽而两腋清风顿起④矣。较之独啜，更觉神怡。

【注释】

①　黄冠：用以束发，材质有金属或木类，颜色多为黄色，所以叫黄冠。这里指道士。

②　缁（zī）衣讲禅：与僧人探究禅理。缁衣，黑色的衣物，这里指僧人。

③　散人：不为世用的人，闲散自在的人。

④　七碗下咽而两腋清风顿起：这句话来源于唐代诗人卢仝的七言古诗《走笔谢孟谏议寄新茶》："一碗喉吻润，

两碗破孤闷。三碗搜枯肠，惟有文字五千卷。四碗发轻汗，平生不平事，尽向毛孔散。五碗肌骨清，六碗通仙灵。七碗吃不得也，唯觉两腋习习清风生。"

【译文】

茶灶升起袅袅轻烟，松涛般的水声在耳边萦绕，自己一个人煮茶，饮茶，自有一番独特的乐趣。但比不上与高明的人谈论道理，与文人墨客谈论诗词，与道士谈论玄学，与僧人探讨禅理，与好友知己谈论心情，与避世的人谈论鬼神更有乐趣。对待这些好的客人，我要亲自烧水为他们煮茶，连着喝了七碗茶之后顿时感觉两腋生风，身体无比清新舒爽。与独自饮茶相比，更加觉得心情愉快，精神舒畅。

九之饮

　　饮不以时为废兴，亦不以候为可否，无往而不得其应。若明窗净几，花喷柳舒，饮于春也。凉亭水阁，松风萝月①，饮于夏也。金风玉露②，蕉畔桐阴，饮于秋也。暖阁红垆，梅开雪积，饮于冬也。僧房道院，饮何清也。山林泉石，饮何幽也。焚香鼓琴，饮何雅也。试水③斗茗，饮何雄也。梦回卷把④，饮何美也。古鼎金瓯⑤，饮之富贵者也。瓷瓶窑盏，饮之清高者也。较之呼卢浮白⑥之饮，更胜一筹。即有"瓮中百斛金陵春"⑦，当不易吾炉头七碗松萝茗。若夏兴冬废⑧，醒弃醉索，此不知茗事者，不可与言饮也。

【注释】

① 松风：松林里的风。萝月：藤萝间映衬的明月。南朝·宋·鲍照《月下登楼连句》诗："仿佛萝月光，缤纷篁雾阴。"

② 金风玉露：秋风和白露，泛指秋天的景物，也指秋天。

③ 试水：尝试品味茶水。宋王安石《寄茶与平甫》诗："石楼试水宜频啜，金谷看花莫漫煎。"

④ 卷把：指书籍的册本或篇章。

⑤ 金瓯：金质杯盂。酒杯的美称。

⑥ 呼卢浮白：大声呼喊，开怀畅饮。呼卢，古代一种博戏，这里借代为赌博时的呼喊。浮白，原指酒宴上罚杯喝酒，后纯指畅饮、满饮。浮，罚人饮酒。白，指专用来罚酒的大杯。

⑦ 瓮中百斛金陵春：此句出自李白《寄韦南陵冰余江上乘兴访之遇寻颜尚书笑有此赠》诗："堂上三千珠履客，瓮中百斛金陵春。"王琦注："金陵春，酒名也。唐人名酒多以春。"斛，古代一种量器，也是容量单位，一斛原来为十斗，后改为五斗。

⑧ 夏兴冬废：语出陆羽《茶经·六之饮》："夏兴冬废，非饮也。"

【译文】

饮茶不因季节天时的变化而进行或停止，也不因时令气候来决定可不可以，其实，想要饮茶，任何时候都是可以的。窗明几净，花喷柳舒，是春日饮茶之美。凉亭水阁，松风萝月，是夏日饮茶之妙。金风玉露，蕉畔桐阴，是秋日饮茶之韵。暖阁红炉，梅开雪积，是冬日饮茶之乐。在僧房道院中饮茶，是多么清闲啊。处于山林泉石之中饮茶，是多么幽静啊。焚香鼓琴，品味饮茶的优雅；试水斗茶，体会饮茶的豪情。梦中回到书香之地，在书香中一品香茗，感受饮茶的美好。用古鼎金瓯饮茶，是多么高贵啊；用瓷瓶窑盏饮茶，是多么清高啊。饮茶比痛快喝酒还要更胜一筹。就算是瓮中有百斛金陵春，也换不走我炉中头七碗松萝茶。如果有人在夏天饮茶冬天停止，醒的时候不饮而醉的时候索要，不用说，他肯定不是一个懂茶的人，当然也就不值得与他探讨饮茶之道。

十之藏

　　茶性喜燥而恶湿，最难收藏。藏茶之家，每遇梅时，即以箬裹之，其色未有不变者，由湿气入于内，而藏之不得法也。虽用火时时温焙，而免于失色者鲜①矣。是善藏者，亦茶之急务，不可忽也。今藏茶当于未入梅时，将瓶预先烘暖，贮茶于中，加箬于上，仍用厚纸封固于外。次将大瓮一只，下铺谷灰一层，将瓶倒列于上，再用谷灰埋之。层灰层瓶，瓮口封固，贮于楼阁，湿气不能入内。虽经黄梅，取出泛②之，其色、香、味犹如新茗而色不变。藏茶之法，无愈于此。

【注释】

① 鲜（xiǎn）：少。

② 泛：指饮酒。宋代王安石《九日随家游东山遂游东园》诗："采采黄金花，持杯为君泛。"这里指喝茶。

【译文】

茶性喜欢干燥不喜欢潮湿，所以想要收藏好茶叶是很难的。收藏茶叶的人家，每到农历五月梅雨季节，就要把茶叶用竹叶包起来。茶叶的颜色没有不变的，茶叶一旦沾染了湿气，就不适合储藏了。即便经常用微火烘烤，茶叶的颜色也会发生变化。所以好的储藏茶叶的方法，也是茶事的要务，不容忽视。现在储藏茶叶应该在梅雨季节之前，先把茶瓶预先烘烤温热，再把茶叶放进去储藏，另外还要在茶叶上再加一层箬竹叶，然后用厚纸把瓶子完全封实。再拿一只大瓮，在瓮底铺一层谷灰，将茶瓶倒扣在谷灰上，再用谷灰埋好。这样一层谷灰一层茶瓶层层摞起来，最后封固好大瓮瓮口，然后把大瓮放置楼阁上，这样湿气自然就进不去了。即便经过了黄梅时节，拿出来冲泡，其色、香、味也会像新茶一样，色泽也不会发生变化。储藏茶叶的方法，再没有比这个更好的了。

乾隆帝与惠山泉

"古人品水，虽曰中泠、惠山为上。"又云："今时品水，必首惠泉，甘鲜膏腴，致足贵也。"茶圣陆羽认为"庐山康王泉第一，惠山石泉第二"。曾写下"谁知盘中餐，粒粒皆辛苦"的李绅也称其为"人间灵液"。而清乾隆皇帝也与惠山泉有段不解之缘。

清乾隆皇帝亲作《惠山竹炉图咏序》："惠山泉名重天下，而听松庵竹炉为明初高僧性海所制，一时名流传咏甚盛，中间失去好事者仿为之，已而复得其仿其复。胥见诸题咏联为横卷者四，我朝巡抚宋荦为之，装池识以官印，俾寺僧世藏之自是而竹炉与第二泉并千古矣，乾隆辛未春二月南巡过锡山，念惠泉为东南名胜，皇祖圣祖仁皇帝数临其地，有品泉二字赐额，爰命舟瞻仰坐山房，煨炉酌泉啜茗小憩，并用前人原韵成二律题王绂画卷，仍归寺僧永垂世宝，而纪其缘起如此。"

听松庵竹图 ▶
选自《御题竹炉图咏》清刊本
（清）吴钺　辑录

乾隆南巡时，在惠山寺竹炉山房品茶和观赏竹炉图轴，与随行的大臣们一起吟诗作赋。无锡知县吴钺辑录的《御题竹炉图咏》收集了明代至乾隆时期与听松庵竹茶炉相关的诗文作品。书中包含了四幅精美的版画。这本书的封面上题：听松庵竹炉图，附驻跸惠山诗。

聽松菴竹鑪圖

《品泉图》
（清）金延标　收藏于中国台北故宫博物院

　　惠山寺是南朝时期的四百八十座寺庙之一，位于惠山脚下有陆羽评为"天下第二泉"的惠山泉，苏轼曾携带贡茶来到惠山，亲自品鉴泉水，写下了"独携天上小团圆，来试天下第二泉"的诗句，明代文徵明与朋友一起在惠山雅集，随后绘制了流传后世的《惠山茶会图》。

　　明洪武初年，惠山寺的住持性海上师请湖州竹工用湘妃竹编织了一个精致的竹制炉子。性海师傅以此炉子煮着二泉的泉水泡茶，用来招待文人雅士。九龙山的王绂特意为性海师傅绘制了一幅名为《听松庵竹炉山房图》的山水画卷，并附有一首茶炉诗："僧馆高僧事事幽，竹编茶具瀹清流，气蒸阳羡三春雨，声带湘江两岸秋。"

惠山听松庵图
选自《御题竹炉图咏》清刊本　（明）王绂

惠山听松庵图
选自《御题竹炉图咏》清刊本　（清）履斋

　　清代乾隆皇帝六次到江南巡游，每一次都选择在惠山寺驻跸。他曾在听松庵竹炉山房里煎着二泉的泉水来喝茶，并写下了许多关于竹炉煮二泉的诗。他在《味甘书屋》诗中说："寺后有隙地，可构房三间。竹炉置其中，乃复学惠山。"又云："味甘书屋，亦仿江南竹炉，每至，则内侍先煮茗矣。"

惠山听松庵图
选自《御题竹炉图咏》清刊本　（明）吴珵

　　"自辛未至今甲辰，竹炉六次题句，适符皇祖南巡六度所为，适可
而止，不复拟再巡矣。"乾隆的皇祖康熙皇帝曾多次南巡，为了表示对
先皇的敬意，乾隆皇帝不仅停止了南巡之举，还停止了对竹炉烹泉煮茶
的吟咏。他在《听松庵竹茶煎茶五叠旧韵》说："六度吟应绝笔后。"

听松庵品茗图
选自《御题竹炉图咏》清刊本　（清）张宗苍

　　乾隆还专门写了一篇《玉泉山竹炉山房记》：惠山之竹炉茶舍，可谓知茗饮之本焉。其地盖始于明僧性海就惠泉制竹炉，以供煎瀹，茶舍之名，因以是传。前岁偶至其地，对功德注冰雪，高僧出法之概，仿佛行云流水问也。归而品玉泉，则较惠山为尤佳，固构精舍二间于泉之侧，……而仿惠山之竹炉，适阵砥几，蟹眼鱼眼之间，亦泠泠飒飒作声

不止，……时而偶来借以涤虑澄神，亦不可少也。夫精舍竹炉皆可仿，而惠泉则不可仿，今不必仿，而且有非惠泉之所能仿者焉？是不既握茗饮之本，而我竹炉山房之作庸可少乎？

　　下附清代乾隆皇帝吟咏惠山及竹炉煮茶诗：

惠山园

乾隆（清）

山泉爱吴下，位置学秦家。

韶节过今日，梁溪不我遐。

乔峰一窗画，积雪万林花。

静觉春心盎，还同物纽芽。

《观泉图》
（清）华嵒　收藏于天津博物馆

惠山园

乾隆（清）

园写秦家墅，规模肖宛然。

祇输少古树，一例蔚春烟。

暗窦明亭错，消冰流水鲜。

南方停跸处，却说是前年。

惠山园

乾隆（清）

峡声入夏壮，林色较春浓。

径度镜中彴，遥闻云外钟。

迎眸惟静趣，随意作清供。

塔影波间落，还疑印九龙。

惠山园

乾隆（清）

溪声咽乳溜，径趣掠眉峰。

草木含韶气，湖山无俗容。

得佳如画读，契妙以诗供。

遥想九龙畔，春云正蔚浓。

惠山园即景

乾隆（清）

偶称寄畅景，因涉惠山园。

台榭皆曲肖，主宾且慢论。

饶他千里近，消我万几烦。

正尔参金地，怃然忆玉门。

《草堂碧泉图》

（清）王翚　收藏于天津博物馆

234

听松庵竹炉煎茶再叠旧韵·其一

乾隆（清）

三试惠山陆子泉，吾知味以未曾煎。

不妨煮鼎欣因暇，那便吟诗罢和前。

丽日和风方荡漾，轻荑嫩草已芊眠。

吴中春色真佳矣，可得吴民温饱全。

听松庵竹炉煎茶再叠旧韵·其二

乾隆（清）

依然冰洞下流泉，谁解三篇如法煎。

炉篆袅飞衹树杪，瓶笙响答磬房前。

范阳见说风生腋，彭泽那关醉欲眠。

我自心殷饥溺者，让他清福享教全。

《林泉春暮图》（左）▶
（清）弘仁　收藏于上海博物馆

《古木寒泉图》（右）▶
（明）文徵明　收藏于中国台北故宫博物院

杜鵑聲裏暮春天　郁落家家事雨田惟是道人
偏愛嬾偶濡殘墨寫林泉漸江學者弘仁

嘉靖己酉冬為同宇
古木寒泉

巳亥

《林泉高逸图》
（清）朱毓栋　收藏于天津博物馆

题惠山园八景·就云楼

乾隆（清）

因迥为高易，对山得阁幽。

有窗纳荟蔚，无地幻沉浮。

竹素今兮古，萝轩春复秋。

宜居忘世者，繄我足先忧。

题惠山园八景·涵光洞

乾隆（清）

窈窕神仙府，嵚崎灵鹫峰。

光涵千舍利，青削万芙蓉。

芝径缭而曲，云林秀以重。

只疑丹灶侧，佺羡或相逢。

题惠山园八景·载时堂

乾隆（清）

背山得胜地，面水构闲堂。

阶俯兰苕秀，檐翻绮縠光。

对时欣职殖，抚序敕几康。

玩愒曾何谓，分阴惜不遑。

再题惠山园八景·就云楼

乾隆（清）

坌至云烟无定态，

朗开窗牖有奇观。

衣沾为入山深处，

张旭形容契者难。

再题惠山园八景·寻诗径

乾隆（清）

诘曲穿云复度松，

山如饭颗翠还浓。

诙谐白也苦吟杜，

疑是曾于此处逢。

再题惠山园八景·澹碧斋

乾隆（清）

一湖小停蓄，

渫然澂清影。

咫尺出宫墙，

稻田灌千顷。

题张宗苍惠山图

乾隆（清）

每值南巡春仲月，轻舟必先溯梁溪。

无端一展石渠卷，陡忆群瞻跸路蹊。

过去江乡已渺渺，看来春霭尚凄凄。

宗苍那往惠山在，一例如同古画题。

题惠山园

乾隆（清）

春意已如许，春山乍可攀。

含烟林影冪，解冻涧声潺。

不日涉成趣，惟无逸乃闲。

略因缱遐想，却在九龙间。

《鸣弦泉图》（左）▶
梅清（清）　收藏于安徽博物馆

《鸣泉图》（右）▶
梅清（清）　收藏于安徽博物馆

惠山园

乾隆（清）

寿山东障枕长渠，既窈而深清复舒。

问景偏欣优雪后，行韶恰合载阳初。

轩收孙氏琳琅笥，园写秦家水竹居。

又为民艰罢巡跸，九龙春色且姑徐。

惠山园

乾隆（清）

园学秦家寄畅心，阅时筠木亦阴森。

由来日涉才成趣，却我几忙率偶临。

云敛琳霄目因迥，水澄兰沼意俱深。

静观别有相应处，理趣当前不藉寻。

《秋林观泉图》
（宋）李唐　收藏于北京故宫博物院

题惠山园八景·寻诗径

乾隆（清）

岩壑有奇趣，烟云无尽藏。

石栏遮曲径，春水漾方塘。

新会忽于此，幽寻每异常。

自然成迴句，底用锦为囊？

题惠山园

乾隆（清）

位置全规寄畅园，每因竭涉异同论。

数峰龙阜浑齐峻，一水梁溪讶讨源。

松是绿虬低欲舞，石如白凤仰疑骞。

借来明岁春阴况，谁辨江南与蓟门。

◀《春山奔泉图》（左）
（清）吕焕成

◀《双松流泉图》（右）
（清）恽寿平　收藏于安徽博物馆

钱谷惠山煮泉图

乾隆（清）

腊月景和畅，同人试煮泉。

有僧亦有道，汲方逊汲圆。

此地诚远俗，无尘便是仙。

当前一印证，似与共周旋。

题惠山园八景·知鱼桥

乾隆（清）

厣步石桥上，轻儵出水游。

濠梁真识乐，竿线不须投。

子我嗤多辩，烟波匪外求。

琳池春雨足，菁藻任潜浮。

再题惠山园二首·其一

乾隆（清）

稍加位置力，便足石泉佳。

秀木乔笼屋，清流曲抱阶。

风松入操古，春鸟和音谐。

烟雨锡山景，悠哉寄雅怀。

《双松流泉图》▶
（清）恽寿平　收藏于安徽博物馆

青湾茶会图录

附录二

　　《青湾茶会图录》是一本记录茶会活动的图册，是田能村竹田及其儿子小斋绘制的。他们绘制了每个席位，并详细记录了陈设的器具。从图册中可以看出，在茶会中，煎茶有严格的规定。与煎茶一样，插花也有严格的规定，即茶席的类型需要与花卉的样式相符。

　　煎茶文化早在江户初期就传入了日本，它本来是一种非常自由的活动形式。人们一边欣赏从中国原装进口的珍贵器具、花卉和水果，一边品尝优质的茶叶。煎茶的目的是为了一同创作诗文、书画和音乐，提供娱乐享受。

　　《青湾茶会图录》细致地用图文记录了茶席时摆放的文房四宝，比如曹素功的墨、端溪砚、孟臣罐、德化窑白瓷、南京窑青花碗，从而保证卢陆茶风继承者的正统性，维护了黄檗卖茶翁"卢仝正流"的权威性。

　　日本的煎茶茶艺由南宋时期传入，故而我们可以通过《青湾茶会图录》领略宋时文人雅士的茶会盛景。

第一席　喉润

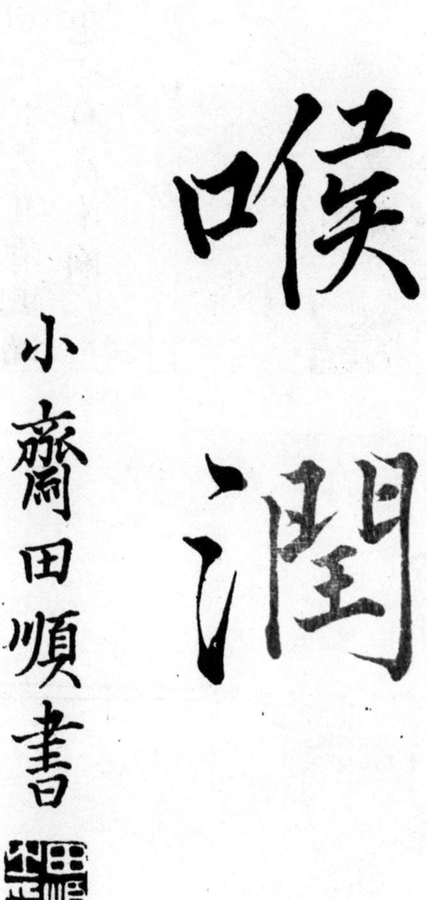

喉潤

第一席

小齋田順書

次六羨歌韻題陸羽煎茶圖

塵絕無塵事關心上只有清風滿

瓦罌喫茗試礳杯苦粉鋪繡席山

第二席　破闷

第三席　搜肠

搜肠

第三席

真沙庵大掘寓書

第四席　发汗

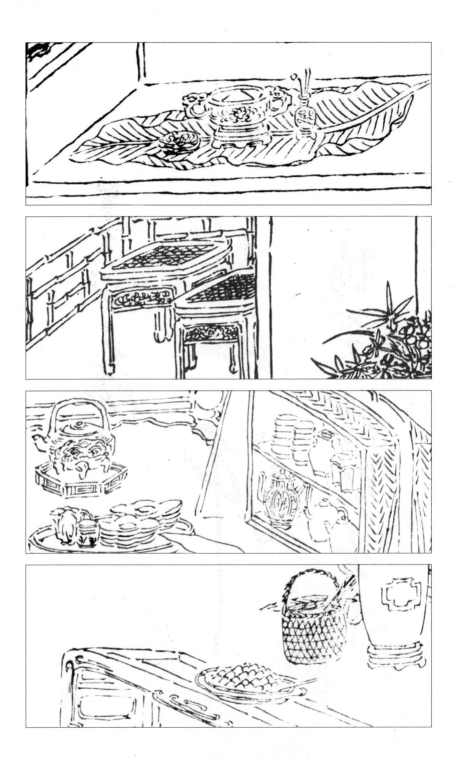

第四副席　浪花游

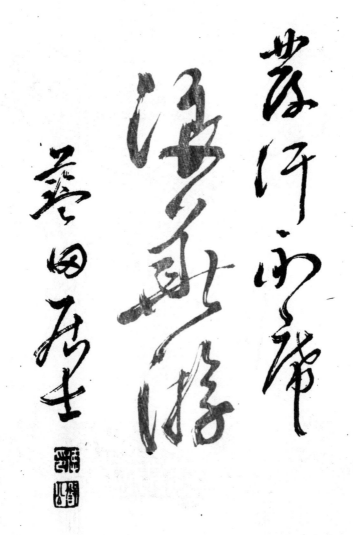

第五席　肌清

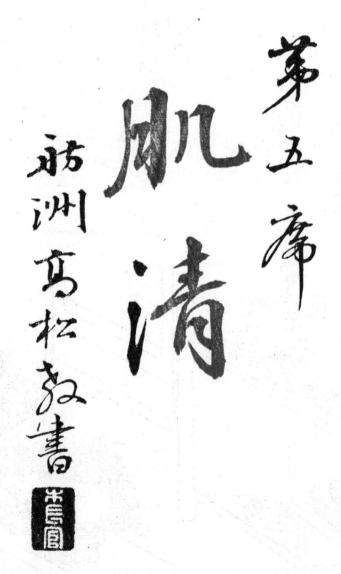

提籃及茶具至見遍
客雜踏不敢發高松
舫洲知之強請乃設
別席集其相識二三
子以供茶余深感夹

巨室靖旦靜高軒深入關
圍中無一橛山色絕塵埃
石頭趣句客不須拂綠苔
器具皆珍玩自覺茶味催
陳列簡而約品佐溫而才
花藥興窗櫺相應兩收裁
怒使市人宅怳如入蓬萊
方是和樂際恭歛心出夾

第五副席　江阳社

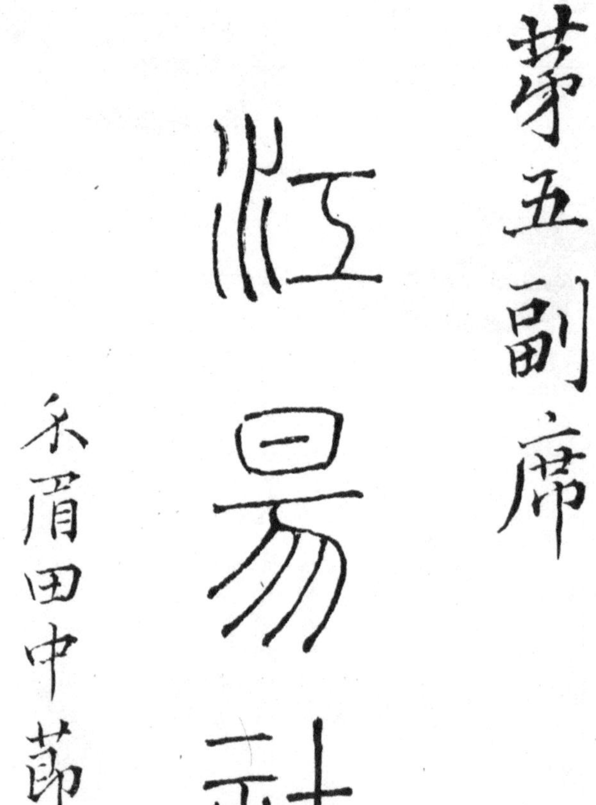

茅五副席

江昜社

禾眉田中茚篆

粘金屏障賞無致燭上沈香
手自焚香惹隱寮長若節君坐
閒雲城市風塵都不關
右憶江邨一闋次韻爲電
題畫竹詞餘

茶郭公

呈紅助綠盡得風流

第六席　通仙

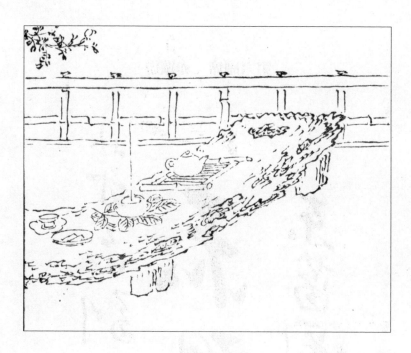

第六副席　赤壁游

赤壁社

东莱图书去去

苏六剧席

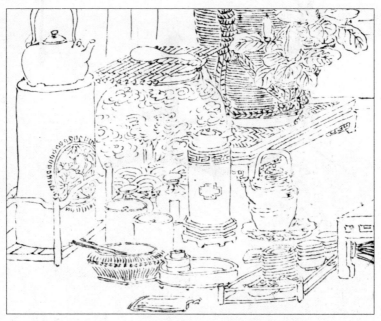

272

第七席　风生

拾剩紅得
欽前日春
遺香滿手
使我心新

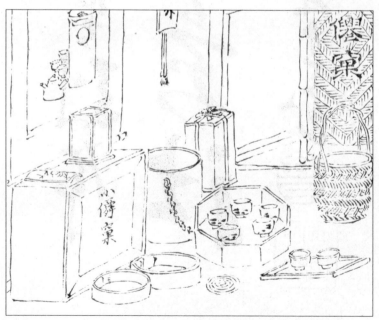

第七副席　随意社

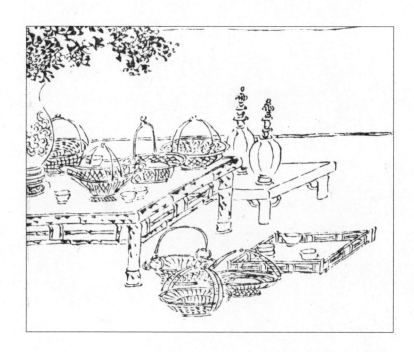